物質中の電磁場
- 真空中の電磁場：$\mathbf{D} = \varepsilon_0 \mathbf{E},\ \mathbf{B} = \mu_0 \mathbf{H}$
- 物質中の電磁場：$\mathbf{D} = \varepsilon_0 \mathbf{E} + \mathbf{P},\ \mathbf{B} = \mu_0(\mathbf{H} + \mathbf{M})$
- 常誘電体内：$\mathbf{D} = \varepsilon \mathbf{E}$
- 常磁性体内：$\mathbf{B} = \mu \mathbf{H}$
- 物質中の電磁波：速さ：$v = \dfrac{1}{\sqrt{\varepsilon\mu}}$，物質の屈折率：$n = \dfrac{c}{v} = \dfrac{\sqrt{\varepsilon\mu}}{\sqrt{\varepsilon_0\mu_0}}$

導体内の伝導
- オームの法則：$\mathbf{j} = \sigma \mathbf{E},\ \mathbf{E} = \rho \mathbf{j}$
- オームの法則（一般形）：

$$\mathbf{j} = \hat{\sigma}\mathbf{E},\ \mathbf{E} = \hat{\rho}\mathbf{j},\ \mathbf{E} = \begin{pmatrix} E_x \\ E_y \end{pmatrix},\ \mathbf{j} = \begin{pmatrix} j_x \\ j_y \end{pmatrix},$$

$$\hat{\sigma} = \begin{pmatrix} \sigma_{xx} & \sigma_{xy} \\ \sigma_{yx} & \sigma_{yy} \end{pmatrix},\ \hat{\rho} = \begin{pmatrix} \rho_{xx} & \rho_{xy} \\ \rho_{yx} & \rho_{yy} \end{pmatrix}$$

- 熱電気現象
  — ペルティエ効果：$J = \Pi I$ （Π：ペルティエ係数）
  — ゼーベック効果：$V_{\mathrm{T}} = \alpha \Delta T$ （α：ゼーベック係数）
  — トムソン効果：$Q = \theta I \nabla T$ （θ：トムソン係数）
  — 熱電気現象間の関係：$\theta = -\dfrac{d\Pi}{dT} + \dfrac{\Pi}{T},\ \alpha = \dfrac{\Pi}{T}$

- 表皮効果
  — 電信方程式：$\left(\nabla^2 - \mu\sigma\dfrac{\partial}{\partial t} - \mu\varepsilon\dfrac{\partial^2}{\partial t^2}\right)\mathbf{E} = 0$
  — 表皮厚さ：$\delta = \sqrt{\dfrac{2}{\omega\sigma\mu}}$

物質中の電場と磁場

物性をより深く理解するために

村上修一 [著]

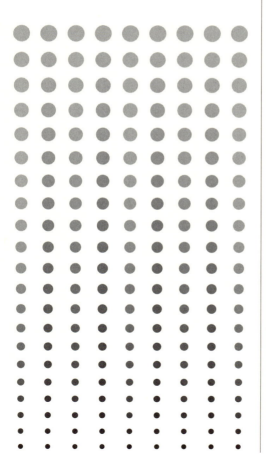

フロー式
物理演習
シリーズ

須藤彰三
岡　真
[監修]

共立出版

刊行の言葉

　物理学は，大学の理系学生にとって非常に重要な科目ですが，"難しい"という声をよく聞きます．一生懸命，教科書を読んでいるのに分からないと言うのです．そんな時，私たちは，スポーツや楽器（ピアノやバイオリン）の演奏と同じように，教科書でひと通り"基礎"を勉強した後は，ひたすら（コツコツ）"練習（トレーニング）"が必要だと答えるようにしています．つまり，1つ物理法則を学んだら，必ずそれに関連した練習問題を解くという学習方法が，最も物理を理解する近道であると考えています．

　現在，多くの教科書が書店に並んでいますが，皆さんの学習に適した演習書（問題集）は，ほとんど見当たりません．そこで，毎日1題，1ヵ月間解くことによって，各教科の基礎を理解したと感じることのできる問題集の出版を計画しました．この本は，重要な例題30問とそれに関連した発展問題からなっています．

　物理学を理解するうえで，もう1つ問題があります．物理学の言葉は数学で，多くの"等号（=）"で式が導出されていきます．そして，その等号1つひとつが単なる式変形ではなく，物理的考察が含まれているのです．それも，物理学を難しくしている要因であると考えています．そこで，この演習問題の中の例題では，フロー式，つまり流れるようにすべての導出の過程を丁寧に記述し，等号の意味がわかるようにしました．さらに，頭の中に物理的イメージを描けるように図を1枚挿入することにしました．自分で図に描けない所が，わからない所，理解していない所である場合が多いのです．

　私たちは，良い演習問題を毎日コツコツ解くこと，それが物理学の学習のスタンダードだと考えています．皆さんも，このことを実行することによって，驚くほど物理の理解が深まることを実感することでしょう．

須藤　彰三
岡　真

まえがき

　本書では，真空中の電磁気学で学んだことを基に物質中の電磁気学を構成していきます．真空中の電磁気学においては，マクスウェル方程式などのいくつかの基本法則を導入して，真空中の静電磁場，電磁誘導，電磁波などの現象を記述しました．物質中の電磁気学では，絶縁体，導体，磁性体，超伝導体などのさまざまな個性を持つ物質を舞台として，これらの「個性」を電磁気学の言葉で記述し，それらの物質中で起こる多彩な現象を学びます．

　こうした個々の物質の個性の起源は固体物理学や量子力学により説明されるもので，複雑かつ多種多様です．読者の多くはそれらの起源を詳しく学ぶ前に，物質中の電磁気学を学習しようとしていると思います．本書では真空中の電磁気学を学んだ人向けに，固体物理学や量子力学の予備知識は仮定せずに物質中の電磁気学を解説しています．本書を読んでそれぞれの現象に興味を覚えた読者は，さらに固体物理学でその起源についての理解を深めていただきたいと思います．

　力学と違って，電磁気学は電磁場という目に見えない対象を扱うので，学習に苦労している読者も多いかもしれません．特に物質中になると，電場と電束密度，または磁場と磁束密度とが異なる振る舞いを示し，混乱をしがちです．そのような電磁気学への理解を深めるため，本書では演習問題を多く取り入れ，読者が演習問題を通じて納得感を得られるようにしています．また直感的な説明を随所に取り入れ，物質中の電磁場が「見える」ように配慮しています．物質中の電磁現象を理解することで，物質それぞれの個性による多彩で興味深い物理現象を理解する一助となれば幸いです．

　本書の使い方について以下に説明します．各章の冒頭にはその章の内容の簡単な説明がありますが，この説明は最小限にとどめており，学習内容はできるだけ例題や発展問題という形にしていますので，例題や発展問題にも必ず目を通して下さい．例題や発展問題の中には難しいものもありますが，内容的には重要なものも含んでいます．ですので，自力で問題が解けなくても，解答を読んで物理的内容の理解に努めていただきたいと考えています．

なお本書の執筆にあたり，東北大学教授 須藤 彰三先生，東京工業大学教授 岡 真先生にはご監修・ご助言をいただき御礼申し上げます．また東京工業大学の津久井 梨絵氏には，本書内の多数の図の作成をしていただき感謝の意を表します．また共立出版の島田 誠氏には長きにわたり大変お世話になりました．最後に，研究や執筆活動を行うにあたり，平素より多くの面で支えをいただいている家族（佐枝子，史帆，航）と両親（陽一，万里子）にもこの場を借りて感謝いたします．

2016 年 11 月　　　　　　　　　　　　　　　　　　　　　　　　　村上修一

目 次

まえがき iii

1 真空中のマクスウェル方程式の復習   1
    例題 1【真空中の電磁波】 5

2 導体   9
    例題 2【静電誘導と静電遮蔽】 17
    例題 3【ホール効果の古典論】 20
    例題 4【鏡像法】 23

3 表皮効果   27
    例題 5【電磁波での表皮効果】 30
    例題 6【導体中の電磁波の減衰】 33
    例題 7【完全導体表面での電磁波の反射】 36

4 誘電体   38
    例題 8【平行平板コンデンサ】 44
    例題 9【異なる誘電体同士の界面での場の接続条件】 . . 47
    例題 10【球対称な誘電体】 50
    例題 11【鏡像法】 54

5 分極率と誘電率の関係   57
    例題 12【電場中の誘電体球】 61

6 分極の機構とダイナミクス   64
    例題 13【電子分極】 66
    例題 14【配向分極】 71

例題 15【誘電率の虚部と電磁波の減衰】. 76

7 交流応答とクラマース-クローニッヒ関係式 79
例題 16【電場に対する分極の交流応答】. 86
例題 17【デバイ型緩和とコール-コールプロット】. 88

8 磁性体 92
例題 18【常磁性体の磁化と磁場】. 98

9 強磁性体と磁化過程 101
例題 19【平板磁石】. 104
例題 20【強磁性体のヒステリシス】. 106

10 さまざまな磁性体と磁化の発現機構 110
例題 21【強磁性体の平均場理論 – 1】. 117
例題 22【強磁性体の平均場理論 – 2】. 120

11 磁気共鳴 122
例題 23【磁気共鳴】. 124

12 超伝導体 127
例題 24【超伝導体の磁化と表面電流】. 130
例題 25【超伝導体上の磁気浮上】. 133

13 物質中の電磁波 137
例題 26【界面での電磁波の屈折と反射】. 140
例題 27【界面での屈折と反射に関する性質】. 144
例題 28【導体表面での電磁波の透過・反射】. 146
例題 29【一軸性結晶内の電磁波の伝播】. 148
例題 30【強磁性体のファラデー効果】. 153

A 巻末付録 156

B 発展問題の解答 157

重要度
★★★

1 真空中のマクスウェル方程式の復習

―《 内容のまとめ 》―

真空中の電磁場とマクスウェル方程式

　ここでは物質中の電磁気学への導入として，真空中の電磁気学を記述するマクスウェル方程式と，その重要な帰結である真空中の電磁波について復習する．真空中のマクスウェル方程式は以下のように与えられる．

$$\nabla \cdot \mathbf{D} = \rho, \tag{1.1}$$

$$\nabla \cdot \mathbf{B} = 0, \tag{1.2}$$

$$\nabla \times \mathbf{E} = -\frac{\partial \mathbf{B}}{\partial t}, \tag{1.3}$$

$$\nabla \times \mathbf{H} = \mathbf{j} + \frac{\partial \mathbf{D}}{\partial t}, \tag{1.4}$$

なお $\mathbf{E}$：電場 [V/m], $\mathbf{H}$：磁場 [A/m], $\mathbf{D}$：電束密度 [C/m^2], $\mathbf{B}$：磁束密度 [Wb/m^2], $\mathbf{j}$：電流密度 [A/m^2], ρ：電荷密度 [C/m^3] である．括弧 [ ] 内は SI 単位系でのこれらの物理量の単位である．これらの法則は順に

(1.1)：電場のガウスの法則
(1.2)：磁場のガウスの法則（磁気単極子が存在しない）
(1.3)：ファラデーの**電磁誘導**の法則
(1.4)：拡張されたアンペールの法則

を表す．これに加えて，電荷の総量が保存していることを示す方程式，つまり電荷に関する連続方程式

$$\frac{\partial \rho}{\partial t} + \nabla \cdot \mathbf{j} = 0 \tag{1.5}$$

が成り立つ. ここで真空中では

$$\mathbf{D} = \varepsilon_0 \mathbf{E}, \quad \mathbf{B} = \mu_0 \mathbf{H} \tag{1.6}$$

と与えられる. ただし, $\mu_0 = 4\pi \times 10^{-7}$ [H/m]: 真空の透磁率（磁気定数）, $\varepsilon_0 = \frac{1}{\mu_0 c^2} = 8.854\cdots \times 10^{-12}$ [F/m]: 真空の誘電率（電気定数）, $c = 299792458$ [m/s]: 真空中の光の速さ, である. 真空中では $\mathbf{D}$ と $\mathbf{E}$ の間, および $\mathbf{B}$ と $\mathbf{H}$ の間には, 普遍定数倍という単純な比例関係 (1.6) があるため, 例えば $\mathbf{E}$ と $\mathbf{H}$ のみ, もしくは $\mathbf{D}$ と $\mathbf{B}$ のみを用いて書くことができる.

本書では真空中でなく, さまざまな物質中での電磁気学の法則を取り扱う. すると, 物質中では $\mathbf{D}$ と $\mathbf{E}$ の間, および $\mathbf{B}$ と $\mathbf{H}$ の間の関係を, 式 (1.6) から少し書き換えることで, 式 (1.1)-(1.4) の形のマクスウェル方程式はそのままの形で用いることができることがわかる.

上の式 (1.1)-(1.4) は微分形のマクスウェル方程式であり, 一方, 積分形のマクスウェル方程式は以下で与えられる.

$$\int_{\partial V} \mathbf{D} \cdot d\mathbf{S} = Q, \tag{1.7}$$

$$\int_{\partial V} \mathbf{B} \cdot d\mathbf{S} = 0, \tag{1.8}$$

$$\oint_{\partial S} \mathbf{E} \cdot d\mathbf{r} = -\frac{\partial \Phi}{\partial t}, \tag{1.9}$$

$$\oint_{\partial S} \mathbf{H} \cdot d\mathbf{r} = I + \frac{\partial \Psi}{\partial t}, \tag{1.10}$$

ただし V は空間内の 3 次元領域で ∂V はその表面. また S は空間内の曲面で ∂S はその境界の閉曲線. V 内の全電荷を $Q = \int_V \rho \, dV$, S を貫く全磁束を $\Phi = \int_S \mathbf{B} \cdot d\mathbf{S}$, S を貫く全電束を $\Psi = \int_S \mathbf{D} \cdot d\mathbf{S}$, S を貫いて流れる電流の総和を $I = \int_S \mathbf{j} \cdot d\mathbf{S}$ とおいた.

真空中の電場および磁場の持つ単位体積あたりのエネルギー密度 $u_\mathrm{e}(\mathbf{r})$, $u_\mathrm{m}(\mathbf{r})$ はそれぞれ

$$u_\mathrm{e} = \frac{\varepsilon_0}{2}|\mathbf{E}|^2, \; u_\mathrm{m} = \frac{1}{2}\mu_0|\mathbf{H}|^2 = \frac{1}{2\mu_0}|\mathbf{B}|^2 \tag{1.11}$$

と表される．また $\mathbf{S} = \mathbf{E} \times \mathbf{H}$ はポインティングベクトルと呼ばれ，電磁場のエネルギーの流れを表す．すなわち $\mathbf{S}$ の向きはエネルギーが流れる向きを表し，その向きに垂直な平面を単位面積あたり，単位時間あたりに通過するエネルギーが $|\mathbf{S}|$ である．また電磁場の持つ運動量の流れは

$$\mathbf{g} = \frac{1}{c^2}\mathbf{S} \tag{1.12}$$

と表される．

また電気力線や磁力線については，マクスウェルの応力と呼ばれる応力が働く．電気力線については，電気力線に沿って単位面積あたり $\frac{1}{2}\varepsilon_0 E^2$ の力が，電気力線を縮める方向に働く．また電気力線に垂直な方向に単位面積あたり $\frac{1}{2}\varepsilon_0 E^2$ の力が，電気力線同士を引き離す方向に働く．磁力線についても同様であり，その際の単位面積あたりの力はともに $\frac{1}{2}\mu_0 H^2$ となる．

物質中の電磁場について

本書では物質中の電磁気学を扱う．固体や気体などの物質中では原子，つまり負電荷を持つ電子と正電荷を持つ原子核が多数存在する．それらの電荷はすべて真空中にあるので，それら多数の電荷に対して真空中のマクスウェル方程式を適用することは，原理的には可能である．ではなぜ「物質中の電磁気学」という学問体系が新たに必要となるか，以下に説明する．

まず上記のような形で物質中の電子や原子核などを真空中のマクスウェル方程式を用いて扱おうとすると，すべての電荷の位置や速度などを考慮して理論をたてなければならない．例えばマクロなサイズの物質中のアボガドロ数程度の多数の電荷に対して，そのような方程式をたてるのはほぼ不可能である．

さらにそうした計算ができたとして，その結果として出てくるのは原子スケールで激しく振動する電磁場であるが，実際に計算したいのは，そうした物質内でミクロな長さスケールで激しく変動する電磁場ではなく，例えば物質の外で観測できる電磁場であり，それは巨視的スケールで平均化された電磁場になっている．

そうしたことから，真空中のマクスウェル方程式に，物質の性質を巨視的スケールで平均化した場を取り入れて「物質中の電磁場」を記述すると便利である．これを用いれば，電磁場の原子・原子核スケールでの複雑な変動を考えな

くてよく,理論が簡単化され,マクロなレベルでの電磁気学を展開することが可能になる.

　幸いにも本書で今後示すように,こうした平均化を行った後も,真空中のマクスウェル方程式と似た形で物理が記述される.この平均化の段階で個々の物質の個性(誘電体,磁性体,超伝導体など)が反映される.代表的なケースでは,真空中での $\mathbf{D} = \varepsilon_0 \mathbf{E}$, $\mathbf{B} = \mu_0 \mathbf{H}$ という関係式を,物質中で

$$\mathbf{D} = \varepsilon \mathbf{E}, \quad \mathbf{B} = \mu \mathbf{H} \tag{1.13}$$

と置き換えれば成立する.ε はこの物質の**誘電率**,μ はこの物質の**透磁率**と呼ばれる(なお,この式 (1.13) が成立しない場合もあり,これは後述する).

例題 1　真空中の電磁波

真空中に電荷も電流もない場合 ($\rho = 0, \mathbf{j} = \mathbf{0}$) を考える．

(1) 真空中のマクスウェル方程式から，電場 $\mathbf{E}$ と磁場 $\mathbf{H}$ が満たすべき方程式を書け．

(2) (1) で得た式から，電場，磁場ともに波動方程式

$$\frac{\partial^2 \mathbf{E}}{\partial t^2} = \frac{1}{\varepsilon_0 \mu_0} \nabla^2 \mathbf{E}, \quad \frac{\partial^2 \mathbf{H}}{\partial t^2} = \frac{1}{\varepsilon_0 \mu_0} \nabla^2 \mathbf{H} \tag{1.14}$$

を満たすことを示せ．

(3) これらは波動方程式の形なので平面波の形の解を持つ．この方程式の平面波解として，

$$\mathbf{E} = \mathbf{E}_0 e^{i(\omega t - \mathbf{k} \cdot \mathbf{r})} \tag{1.15}$$

という形の解を仮定しよう．$\mathbf{E}_0$ は実数の定ベクトルとする．ここから，角周波数 ω と波数 $\mathbf{k}$ の間の関係を導け．

(4) (3) のとき，$\mathbf{E}_0$ は波数ベクトル $\mathbf{k}$ と直交することを示し，$\mathbf{H}$ を求めよ．

考え方

真空中の電磁波の基本問題である．誘導を付けてあるが，できれば誘導なしで電磁波の基本的性質を導けるようになるとよい．

‖解答‖

ワンポイント解説

(1) 真空中のマクスウェル方程式より

$$\nabla \cdot \mathbf{E} = 0, \tag{1.16}$$

$$\nabla \cdot \mathbf{H} = 0, \tag{1.17}$$

$$\nabla \times \mathbf{E} = -\mu_0 \frac{\partial \mathbf{H}}{\partial t}, \tag{1.18}$$

$$\nabla \times \mathbf{H} = \varepsilon_0 \frac{\partial \mathbf{E}}{\partial t}. \tag{1.19}$$

(2) 式 (1.18), (1.19) の 2 式から

$$\nabla \times (\nabla \times \mathbf{E}) = -\varepsilon_0 \mu_0 \frac{\partial^2 \mathbf{E}}{\partial t^2}, \tag{1.20}$$

左辺は $\nabla(\nabla \cdot \mathbf{E}) - \nabla^2 \mathbf{E}$ と変形されるが, 式 (1.16) から第 1 項はゼロ. したがって,

$$\frac{\partial^2 \mathbf{E}}{\partial t^2} = \frac{1}{\varepsilon_0 \mu_0} \nabla^2 \mathbf{E} \tag{1.21}$$

が導かれる. 磁場 $\mathbf{H}$ についても同様にして導出できる.

(3) 式 (1.18) から, $\omega = ck$ となる. ただし $c = \frac{1}{\sqrt{\varepsilon_0 \mu_0}}$ は前述したように, 真空中の光速を表す.

(4) 式 (1.15) を式 (1.16) に代入すると

$$\mathbf{E}_0 \cdot \mathbf{k} = 0. \tag{1.22}$$

また式 (1.18) に代入すると

$$\mathbf{H} = \frac{\mathbf{k} \times \mathbf{E}_0}{\mu_0 \omega} e^{i(\omega t - \mathbf{k} \cdot \mathbf{r})} \tag{1.23}$$

となる. ここで $\mathbf{k}$ は波数ベクトル, ω は角振動数, $\mathbf{E}_0$ は偏光ベクトルと呼ばれる. またここで示した電場や磁場の式は, 複素数表示によるものであり, 実際の物理量 (この場合は電場や磁場) はこの右辺の実部を取り出したものであることに注意する.

・なお波の速度には位相速度 $\frac{\omega}{k}$ と, 群速度 $\frac{\partial \omega}{\partial k}$ があるが, 真空中の電磁波の場合はいずれも c に等しく, ω によらず一定値.

(補足)

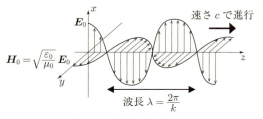

図 1.1: 直線偏光した光.

この電磁波の性質を以下に述べよう. 等位相面は $\omega t - \mathbf{k} \cdot \mathbf{r} = \text{const.}$ で与えられる. これは $\mathbf{k}$ に垂直な平

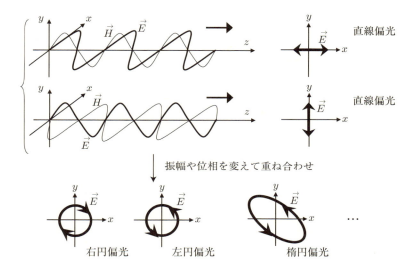

（z 軸の正の側（光の伝播していく向き）から見ているものとする）
図 1.2: さまざまな偏光.

面を表し，速さ c の等速度で $\mathbf{k}$ の向きに進む．なお波数ベクトルを 1 つ固定しても，偏光ベクトル $\mathbf{E}_0$ は波数ベクトル $\mathbf{k}$ に垂直な 2 方向の自由度があり，これを偏光という．例えば $\mathbf{k} \parallel \hat{z}$ とすると，$\mathbf{E}_0 \parallel \hat{x}$ と $\mathbf{E}_0 \parallel \hat{y}$ の 2 つの独立な偏光方向があり，例えば前者は図 1.1 のようになる．このように $\mathbf{E}_0$ が実ベクトルの場合には偏光方向がある 1 方向に振動し，直線偏光と呼ばれる．一方，2 つの直交した偏光方向を持つ直線偏光を位相をずらして重ね合わせることにより，円偏光，楕円偏光などが得られる（図 1.2）．特に $E_y = \pm i E_x$ なら式 (1.15) より

$$\mathbf{E} = \mathbf{E}_0 (1, \pm i, 0) e^{i(\omega t - \mathbf{k}\cdot\mathbf{r})}. \qquad (1.24)$$

実部を取ると実際の場の形が得られる．

$$\mathbf{E} = \mathbf{E}_0 (\cos(\omega t - \mathbf{k}\cdot\mathbf{r}), \mp \sin(\omega t - \mathbf{k}\cdot\mathbf{r}), 0) \qquad (1.25)$$

と表され，上の複号は右円偏光，下の複号は左円偏光である．なお物質中で式 (1.13) と書ける場合には，電磁波の速さは，真空中の場合と同様の計算によって

$$v = \frac{1}{\sqrt{\varepsilon\mu}} \qquad (1.26)$$

となる．なお物質の屈折率 n を，真空中の電磁波の速さ c に対する，物質中の電磁波の速さ v の比の逆数

$$n = \frac{c}{v} = \frac{\sqrt{\varepsilon\mu}}{\sqrt{\varepsilon_0\mu_0}} \qquad (1.27)$$

で定義する．

例題 1 の発展問題

1-1. 真空中で $\mathbf{E} = (0, E_0\cos(\omega t - kx), 0)$ という電場を持つ電磁波がある．次の物理量を求めよ．
　(1) 磁束密度 $\mathbf{B}$
　(2) エネルギー密度 u の時間平均
　(3) ポインティングベクトル $\mathbf{S}$ の時間平均
　(4) 運動量密度 $\mathbf{g}$ の時間平均
　(5) yz 平面に置かれた鏡に，この電磁波が入射し完全反射するとき，この鏡が受ける圧力

1-2. 太陽光のエネルギーの流れの時間平均は，大気圏の外で，単位面積あたり 1.4×10^3 W/m^2 である．これを平面波と考えて次の問いに答えよ．
　(1) 電場の振幅，磁場の振幅，エネルギー密度の平均，運動量の流れの密度の時間平均を求めよ．
　(2) この太陽光を，光線に垂直な物体にあてる．太陽光が完全に吸収される場合と，完全に反射される場合の，光が物体に与える圧力を求めよ．

重要度 ★★★

2 導体

―― 《 内容のまとめ 》――

　導体とは，その物質中に自由に動くことのできる荷電粒子（キャリア）があり，外部電磁場に応答して運動するような物質である．固体結晶中では，正電荷を持っている原子核は結晶格子を組んでいて，自由に結晶中を動くことはできない．他方，負電荷を持った電子については，物質によっては一部の電子が原子核の束縛から離れて動き回り，電気伝導にかかわるため，その物質は導体となる．また物質によっては，電子が動くというよりも，**正孔（ホール）**（電子が充填している状態から1個電子が抜けた穴）が自由に動くと解釈したほうが良い場合もある．例えばn型半導体では電子が電気伝導を担い，p型半導体ではホールが電気伝導を担う．

　導体でない物体を**絶縁体**もしくは**誘電体**といい，第4章で扱う．

オームの法則

　多くの場合，導体においては，かけた電場に比例して電流が流れる．これを**オームの法則**といい，$\mathbf{j} = \sigma \mathbf{E}$, $\mathbf{E} = \rho \mathbf{j}$ と書くことができる．σ, ρ はそれぞれ**電気伝導率**，**抵抗率**と呼ばれる．抵抗率は，金属では $10^{-6} \sim 10^{-8}$ Ωm 程度である一方，絶縁体では $10^{8} \sim 10^{15}$ Ωm にも達する

　以下オームの法則を古典的に導く．導体中のキャリアが1種類とし，その電荷を q, 質量を m とする．電場 $\mathbf{E}$ をかけるとこのキャリアが加速される．キャリアがそのまま加速され続けると電荷の速度は限りなく大きくなり，電流も限りなく大きくなりそうである．実際はもちろんそんなことはなく，固体中の不純物や結晶格子の振動などに衝突して速度を失う．こうした衝突がほぼ時間 τ の間隔で起こるとしたとき，運動方程式は

$$m\frac{d}{dt}\mathbf{v} = q\mathbf{E} - \frac{m}{\tau}\mathbf{v} \tag{2.1}$$

となる(ここで衝突の効果を $-\frac{m}{\tau}\mathbf{v}$ としているが,これは電場 $\mathbf{E}=0$ のとき $\mathbf{v} \propto e^{-t/\tau}$ となり時間 τ 程度で減速するという抵抗力を表す.これは τ の時間中は電場で自由に加速され,τ の時間後に衝突で突然減速するということとは違っているが,式 (2.1) の方が取り扱いが簡単なため,式 (2.1) を用いている.また実際には量子力学的な法則によって記述される「衝突」なので,古典力学的な衝突が τ ごとに起こるのとはかなり事情が異なる).

定常状態(時間に依存しない状態)になると左辺がゼロなので,

$$\mathbf{v} = \frac{q\tau}{m}\mathbf{E} \tag{2.2}$$

なお移動度 μ は $\mathbf{v}=\mu\mathbf{E}$ で定義されるので,この場合は $\mu=\frac{q\tau}{m}$ となる.荷電粒子の数密度を n として,定常状態で流れる電流密度 $\mathbf{j}$ は

$$\mathbf{j} = qn\mathbf{v} = \frac{nq^2\tau}{m}\mathbf{E} \tag{2.3}$$

したがって,電気伝導率は $\sigma=\frac{nq^2\tau}{m}$ と与えられる.通常の金属においては,温度を上げると,格子振動が増大し,それによる電子の散乱が起こりやすくなるため,τ が減少し抵抗が増大する.一方で半導体と呼ばれる物質群では,温度増加により τ が減少する一方で,導体中のキャリア(荷電粒子)の密度が大きく増大するため,温度増加により逆に抵抗は減少する.

またある種の物質においては,温度を低下させていくと,ある温度で抵抗率が急にゼロになる現象が起こる.これを**超伝導**といい,そのような物質のことを**超伝導体**という.超伝導体内の電気伝導の機構は,通常の導体の場合と大きく異なっていて,第 12 章でそれについて軽く触れることにする.

導体中の電荷

時間的に一定である状態を**定常状態**という.定常状態では導体内部には電荷は存在できない.なぜなら電荷があるとすると,そこから電場が発生するため電流が流れ,電荷が減少していくからである.例えば時刻 $t=0$ で電荷分布 $\rho(\mathbf{r})$ の電荷があるとすると,この物質の電気伝導率 σ,誘電率 ε として,$\nabla\cdot\mathbf{D}=\rho$, $\mathbf{D}=\varepsilon\mathbf{E}$, $\mathbf{j}=\sigma\mathbf{E}$, $\frac{\partial\rho}{\partial t}+\nabla\cdot\mathbf{j}=0$ より

$$\frac{\partial \rho}{\partial t} = -\frac{\sigma}{\varepsilon}\rho \tag{2.4}$$

したがって，$\rho \propto e^{-t/t_0}$ となる．ここで現れた $t_0 = \varepsilon/\sigma$ は，導体中の電荷が流れ去って消えるまでの時間を示している．例えば銅では $\sigma \sim 6 \times 10^7\ \Omega^{-1}\mathrm{m}^{-1}$ (0℃) で，$\varepsilon \sim 10^{-11}$ F/m なので，$t_0 \sim 10^{-19}$ s となる．つまりこの短い時間 t_0 内に導体中の電荷は流れ去ってしまう．

静電誘導

静電場を考えると，上で述べた理由により導体の内部には，定常状態では電荷が存在しない．しかしこの議論は表面には適用できないため，導体表面には電荷が存在しうる．その例の 1 つが静電誘導である．導体に外部電荷を接触しないように近づけると，導体の表面に正負の電荷分布（誘導電荷）が誘起され，これを**静電誘導**と呼ぶ．導体に外部電荷を近づけると，t_0 程度の短い時間で電荷が移動し，やがて電荷が静止し，時間的に一定な状態になる．

この時間的に一定な状態においては，次の性質が成り立つ．

- 導体内部に電場はない．
  導体内部に電場があるとすると，オームの法則により電流が流れる．これは，時間的に一定であるという仮定と矛盾する．このことより，導体内部の電位はどこでも等しく，導体表面は等電位面．

- 導体表面では電場が表面に垂直
  等電位面 ($\phi = \mathrm{const.}$) は電気力線 ($\mathbf{E} = -\nabla\phi$) と垂直なので，電気力線は導体表面に垂直に出ることになる（なお導体内部では電場がゼロなので電気力線はない）．

- 導体内部には電荷がない．
  これは上で述べたことの繰り返しになるが，より正確に述べると，導体内部の任意の閉曲面 S についてガウスの法則を適用し，(S 内の電荷) $= \int_S \mathbf{D} \cdot d\mathbf{S} = 0$ となるため．

こうした条件を満たすように導体表面に誘導電荷が分布することになる．全体の電場は，外部電荷が作る電場と誘導電荷が作る電場の和になり，その電場が上述のように導体表面に垂直になり導体表面が等電位面になるという条件を満たす．電場中に導体を置くときの静電誘導の様子を計算するには，誘導電荷

分布と,電場分布という2つの分布を求める必要があるが,誘導電荷分布が変わると電場が変化し,また電場が変化するとそれによって誘導電荷が移動して電荷分布が変わる.すなわち,これら2つの分布は相互に依存しているために,これら2つの分布を同時に求める必要があり,その求め方には工夫が必要である.考える系が非常に単純な場合には,対称性に関する議論を用いて誘導電荷や電場の分布に関する情報を得ることができ,それにより問題を解くことができる(例題2).またある種類の問題においては,**鏡像法**という方法を用いて解くことができ,それは例題4で扱う.

一般的にいえば,この条件を満たすような誘導電荷と電場の分布を求める問題は,導体内部では電位一定という境界条件の下で,導体外部の真空でポアソン方程式

$$\nabla^2 \phi = -\frac{\rho}{\varepsilon_0} \tag{2.5}$$

を解くという境界値問題になる.このポアソン方程式は,真空中では

$$\phi(\mathbf{r}) = \frac{1}{\varepsilon_0} \int_V \frac{\rho(\mathbf{r}')}{4\pi|\mathbf{r}-\mathbf{r}'|} d\mathbf{r}' \tag{2.6}$$

という解となるが,導体の存在下(つまり境界条件がある場合)では解が異なる.ここで現れた $G(\mathbf{r}, \mathbf{r}') = \frac{1}{4\pi|\mathbf{r}-\mathbf{r}'|}$ はグリーン関数と呼ばれる.境界条件がある場合には一般にはグリーン関数を使って問題を解くことになり,境界条件に応じてグリーン関数の形は変化する.境界の形が簡単な場合には上述の鏡像法を用いてグリーン関数を求めることができるが,一般の場合には上のポアソン方程式の境界値問題を数値計算で解くことになる.

静電遮蔽

このように静電誘導により,導体内部へは電場が侵入できない.このことからさらに,導体内部に空洞がある場合に対して,「導体によって囲まれた空洞の内部と外部は静電的に独立である」ということが言える.このことを**静電遮蔽**という.具体的には以下のようになる.

- 空洞内に外部電荷がないときは,空洞内では $\mathbf{E} = 0$(図 2.1(a)).なぜなら空洞内は等電位であるため(空洞内が等電位でないとすると,空洞の内側表面が等電位であることより,空洞内に電位の極大点か極小点が

あることになり，ガウスの法則によりそこに電荷があることになって仮定と矛盾).
- 空洞内に外部電荷（電荷の合計 Q）があるときは，導体の外側の表面の電荷分布は Q の値のみによって決まり，空洞内の外部電荷の分布に依存しない（図 2.1(b)）．空洞内に電荷 Q があると，空洞の壁面上に電荷が誘起され，その合計は $-Q$ となる（なぜなら，導体内部を通り，空洞を囲むような閉曲面でガウスの法則を適用すると，その内部の電荷の合計はゼロでなければならない）．そのため導体の外表面には合計 Q の誘導電荷が誘起するが，その分布は空洞内の Q の分布とは独立である．

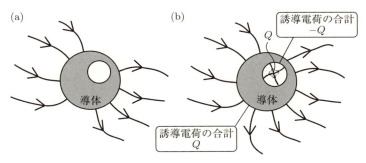

図 2.1: 静電遮蔽．(a) 空洞内に外部電荷がないとき．(b) 空洞内に外部電荷 Q があるとき．

ホール効果

オームの法則では，導体に電場をかけるとそれに比例して電流が流れるということであった．ここで，さらに磁場が印加されている場合を考える．その場合はローレンツ力により，電場と電流とはもはや平行ではなく，その間には有限の角度が生じる．こうした効果をホール効果という．例えば xy 面内の伝導に着目するときには，

$$\mathbf{E} = \hat{\rho}\mathbf{j},\ \mathbf{j} = \hat{\sigma}\mathbf{E}, \tag{2.7}$$

$$\mathbf{E} = \begin{pmatrix} E_x \\ E_y \end{pmatrix},\ \mathbf{j} = \begin{pmatrix} j_x \\ j_y \end{pmatrix},\ \hat{\sigma} = \begin{pmatrix} \sigma_{xx} & \sigma_{xy} \\ \sigma_{yx} & \sigma_{yy} \end{pmatrix},\ \hat{\rho} = \begin{pmatrix} \rho_{xx} & \rho_{xy} \\ \rho_{yx} & \rho_{yy} \end{pmatrix} \tag{2.8}$$

として，これらの式に現れているテンソル $\hat{\sigma}$ を電気伝導率テンソル，$\hat{\rho}$ を抵抗率テンソルという．これらのテンソルは互いに逆行列の関係にある．特に系に異方性がない場合は，xy 面内の回転対称性により，$\rho_{xx} = \rho_{yy}$, $\rho_{xy} = -\rho_{yx}$, $\sigma_{xx} = \sigma_{yy}$, $\sigma_{xy} = -\sigma_{yx}$ が成立する．

さらに，通常は ρ_{xx} は ρ_{xy} に比べて数桁大きい ($\rho_{xx} \gg |\rho_{xy}|$) ため，

$$\sigma_{xx} = \frac{\rho_{xx}}{\rho_{xx}^2 + \rho_{xy}^2} \sim \frac{1}{\rho_{xx}}, \quad \sigma_{xy} = -\frac{\rho_{xy}}{\rho_{xx}^2 + \rho_{xy}^2} \sim -\frac{\rho_{xy}}{\rho_{xx}^2} \tag{2.9}$$

としてよい（ただし特殊な場合として，量子ホール系と呼ばれる系の場合は $\rho_{xx} = 0$ となっている．その場合は $\sigma_{xx} = 0$, $\sigma_{xy} = -1/\rho_{xy}$ となる．この量子ホール効果は，清浄な半導体を用いた量子井戸という構造で，2次元の電子系を作り，低温下で面に垂直に強磁場（数テスラ以上）をかけることで現れる）．

熱電気現象

導体中に流れる電荷（キャリア）はエネルギーを運ぶことが知られている．すなわち電流 I に伴って熱流 J が流れ，これらは比例している．

$$J = \Pi I \tag{2.10}$$

これをペルティエ効果と呼び，この係数 Π をペルティエ係数という．1個のキャリアの電荷を q とし，熱エネルギーの平均値を $\langle h \rangle$ とすると，ペルティエ係数は $\Pi = \langle h \rangle / q$ で与えられ，温度に依存する．またその符号は，電荷 q の符号と同じである．つまり，キャリアが電子の場合は熱流は電流と逆向きで $\Pi < 0$ であり，一方キャリアが正孔の場合は熱流は電流と同じ向きで $\Pi > 0$ である．

今度は導体に温度勾配がある場合を考える．導体中に温度差があると，高温部から低温部へと熱の流れが発生し，キャリアの流れが生じる．もし導体が電気的に孤立していると，このキャリアの流れは導体から出られず，導体の端にたまるため，それによる起電力 V が発生する．これを熱起電力という．温度差 ΔT が小さければ，熱起電力はその温度差に比例し

$$V_{\mathrm{T}} = \alpha \Delta T \tag{2.11}$$

と書ける．係数 α をゼーベック係数と呼び，こうした効果をゼーベック効果

と呼ぶ．

今度は温度が一様でない導体に電流を流すことを考える．すると温度勾配のある場合には，発熱ないし吸熱が生じる．その大きさは電流 I に比例し，さらに温度勾配 ∇T にも比例する．つまり，

$$Q = \theta I \nabla T \tag{2.12}$$

と書ける．θ は比例係数であり，電流の向きを変えると発熱-吸熱が入れ替わる．すなわち，これは電流を流すと常に発熱が生じるジュール発熱とは別の現象で，トムソン効果という．θ はトムソン係数と呼ばれる．

ペルティエ効果，熱起電力，トムソン効果をまとめて**熱電気現象**という．なお，これらは独立な現象ではなく

$$\theta = -\frac{d\Pi}{dT} + \frac{\Pi}{T}, \tag{2.13}$$

$$\alpha = \frac{\Pi}{T}, \tag{2.14}$$

という形で結びついている．このことを示すために図 2.2 のような，導体 A,B を含む回路を考える．導体 A,B の左端と右端とは温度が ΔT だけ異なるようにしておき，左端同士を接続すると，ゼーベック効果により A の右端と B の右端の間には $V_\mathrm{T} = (\alpha_\mathrm{A} - \alpha_\mathrm{B})\Delta T$ の電位差が生まれる．そこでその電位差よりわずかに大きな起電力を持つ電池をつなげて，わずかに電流 I を流す．このときの (1) エネルギーの収支と (2) エントロピーの変化，の 2 つについて考える．まず (1) エネルギーの収支については，トムソン効果により導体 B では $\theta_\mathrm{B} I \Delta T$ の発熱，導体 A では $\theta_\mathrm{A} I \Delta T$ の吸熱となる．また A と B との接点ではペルティエ効果により熱の出入りがあり，温度 T の側では $\Pi_\mathrm{AB}(T) I$ ($\Pi_\mathrm{AB} = \Pi_\mathrm{A} - \Pi_\mathrm{B}$) の発熱，温度 $T + \Delta T$ の側では $\Pi_\mathrm{AB}(T + \Delta T) I$ の吸熱が起こる．一方で電池は単位時間に $-V_\mathrm{T} I$ の仕事をするので，

$$\theta_\mathrm{A} I \Delta T - \theta_\mathrm{B} I \Delta T + \Pi_\mathrm{AB}(T + \Delta T) I - \Pi_\mathrm{AB}(T) I = V_\mathrm{T} I = (\alpha_\mathrm{A} - \alpha_\mathrm{B}) I \Delta T \tag{2.15}$$

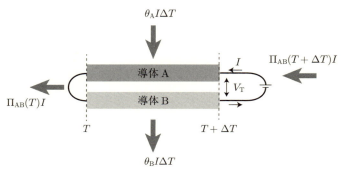

図 2.2: さまざまな熱電気現象の関係.

より

$$\alpha_A - \alpha_B = \theta_A - \theta_B + \frac{d\Pi_{AB}}{dT} \tag{2.16}$$

となる．したがって

$$\alpha = \theta + \frac{d\Pi}{dT}. \tag{2.17}$$

一方, (2) のエントロピー変化について, この過程は可逆過程と考えてよい. なぜなら I が小さく, I の 2 次の効果であるジュール発熱が無視できるためである. したがってエントロピー変化はゼロ. つまり

$$\frac{\Pi_{AB}(T)}{T} - \frac{\Pi_{AB}(T+\Delta T)}{T+\Delta T} - \frac{(\theta_A - \theta_B)\Delta T}{T} = 0 \tag{2.18}$$

となる．したがって,

$$\theta_A - \theta_B = -T\frac{d}{dT}\left(\frac{\Pi_{AB}(T)}{T}\right) \tag{2.19}$$

より,

$$\theta = -T\frac{d}{dT}\left(\frac{\Pi(T)}{T}\right) = -\frac{d\Pi}{dT} + \frac{\Pi}{T} \tag{2.20}$$

である．この式と式 (2.17) から, 式 (2.13), (2.14) が出る．

例題 2　静電誘導と静電遮蔽

(1) 軸を共有する 2 つの円筒にはさまれた形状の導体が真空中にある．底面の円の半径は a, b ($a < b$) とし，高さは無限に長いとする．この導体に高さ方向の単位長さあたり λ の電荷を与えるとき，この導体の周りでの電場分布および電位分布を求めよ．

(2) 上で考えた中空導体と同様の形状で，底面の円の半径が c, d であり高さが無限に長い導体があり，これが (1) の中空導体を囲み，かつ軸を共有するように真空中に置かれている．$a < b < c < d$ とする．この 2 つの導体はコンデンサを形成するが，このコンデンサの高さ方向の単位長さあたりの電気容量 C を求めよ．

考え方

軸対称性を利用して，ガウスの法則を用いて解く．電荷を与えたときにどの表面にどのくらい分布するかを，静電誘導・静電遮蔽を用いて正しく考えることが必要．

‖解答‖

(1) 系は軸対称であるので，電荷を与えると電場は軸に垂直で，軸から放射状になる．静電遮蔽により，中空導体の内側表面には電荷は誘導されず，与えた電荷はすべて外側表面に分布する．

軸から距離 r だけ離れた点での電場の強さ $E(r)$ とおく．これを求めるために，底面の半径 r，高さが h（任意の定数）であり，軸を中空導体と共有する円筒面 C を考え，ガウスの法則を適用すると，$r > b$ のとき，

$$\varepsilon_0 E(r) \cdot 2\pi r h = \lambda h \quad \rightarrow \quad E(r) = \frac{\lambda}{2\pi \varepsilon_0 r} \quad (2.21)$$

となる．同様に $r < b$ のときは $E(r) = 0$ である．

電位 $\phi(r)$ も同様に軸対称に分布する．導体表面を電位の基準とすると，$a < r < b$（導体内）では

ワンポイント解説

$\phi(r) = 0$. また $r < a$ （空洞内）でも電場がゼロなので，$\phi(r) = 0$. $b < r$ では，

$$\phi(r) = -\int_b^r E(r)dr = \frac{\lambda}{2\pi\varepsilon_0}\log\frac{b}{r} \tag{2.22}$$

(2) 電気容量を考えるので，2つの中空導体に単位長さあたりそれぞれ $+\lambda$（内側導体），$-\lambda$（外側導体）の電荷を置き，そのときの導体間の電位差 V を計算する．まず内側の導体については，静電遮蔽から，外側表面（底面半径 b）にのみ電荷が分布し，内側表面（底面半径 a）の電荷はゼロ．また外側導体については，内側表面（底面半径 c）にのみ電荷が分布し，外側表面（底面半径 d）の電荷はゼロになる．

上と同様にガウスの法則を適用すると，$r < b$ で $E(r) = 0$，$b < r < c$ で $E(r) = \frac{\lambda}{2\pi\varepsilon_0 r}$，$c < r$ で $E(r) = 0$ となる．したがって，外側の導体を基準とした内側の導体の電位，すなわち2つの導体の電位差 V は

$$V = \int_b^c E(r)dr = \frac{\lambda}{2\pi\varepsilon_0}\log\frac{c}{b} \tag{2.23}$$

よって，単位長さあたりの電気容量 C は

$$C = \frac{\lambda}{V} = \frac{2\pi\varepsilon_0}{\log(c/b)} \tag{2.24}$$

・外側導体については前述の，静電遮蔽で空洞内に電荷が存在している場合である．外側導体の内側表面の電荷は，ちょうど内側導体の電荷（単位長さあたり λ）の総和を打ち消す必要があるので，単位長さあたり $-\lambda$ となる

例題 2 の発展問題

2-1. 真空中にある半径 a の導体球に総電荷 Q を与えるとき，この導体球の，無限遠を基準としたときの電位および表面上の電場の強さを求めよ．

2-2. 点 O を中心とする半径 a, b $(b < a)$ の球面ではさまれた導体球殻 A があり，その空洞の中に同じく点 O を中心とする半径 c の導体球 B がある（図 2.3）．A，B をコンデンサとみなしたときの電気容量を求めよ．

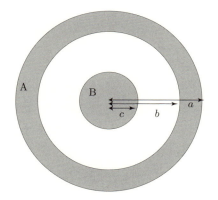

図 2.3: 導体球と球殻からなるコンデンサ．

例題3　ホール効果の古典論

金属中に，電荷 q が数密度 n で分布しているときのホール効果を古典論で考えよう．これらの電荷は金属中で自由粒子として運動するとする．xy 面内に電場 $\mathbf{E}$ があり，z 方向に磁場 $\mathbf{B} = (0, 0, B)$ がかかっているとき，電荷の運動方程式は，式 (2.1) にならって次のようになる．

$$m\frac{d}{dt}v_x = qE_x + qv_yB - \frac{m}{\tau}v_x, \quad m\frac{d}{dt}v_y = qE_y - qv_xB - \frac{m}{\tau}v_y. \quad (2.25)$$

ただし m は電荷1個の持つ質量である．

(1) 電荷の速度が一定となっているような定常状態を考えるとき，抵抗率テンソルの各成分を求めよ．またここから，磁場に比例してホール効果が出ることを確かめよ
(2) 実際のホール効果の測定では，ある方向（x 方向）に電流を流し，それと垂直方向（y 方向）に出る電場を測る．ただし y 方向には電流が流れないようにしておく（$j_y = 0$）．その際のホール係数は $R = \frac{E_y}{Bj_x}$ で表される．これを上の場合に計算せよ．
(3) 消費電力は，単位体積あたり $W = \mathbf{j} \cdot \mathbf{E}$ である．このことから，ホール効果が消費電力に及ぼす影響について議論せよ．

考え方

計算自身は難しくないが，それが持つ物理的な意味について把握しておきたい．

解答

(1) 定常状態を考えると，電荷の速度 $\mathbf{v}$ が一定なので，

$$E_x = -v_yB + \frac{m}{q\tau}v_x, \quad E_y = v_xB + \frac{m}{q\tau}v_y. \quad (2.26)$$

となる．電流密度 $\mathbf{j} = nq\mathbf{v}$ なので，

$$\rho_{xx} = \rho_{yy} = \frac{m}{nq^2\tau}, \quad \rho_{xy} = -\rho_{yx} = -\frac{B}{nq} \quad (2.27)$$

となる．ホール効果は，抵抗率テンソルもしくは電気伝導率テンソルの非対角成分 ρ_{xy}, σ_{xy} で表され，

ワンポイント解説

この理論の範囲内では，磁場が小さいとき磁場に比例する．ρ_{xy}, σ_{xy} をそれぞれホール抵抗率，ホール伝導率ともいう．磁場が印加されることでホール効果が出る．

(2) ホール係数は $R = \frac{E_y}{Bj_x} = \frac{\rho_{yx}}{B} = \frac{1}{nq}$. なおホール角 θ は，電流と電場とのなす角で定義されて，$\tan\theta = \frac{|\sigma_{xy}|}{\sigma_{xx}}$ と表される．上の結果からホール係数の符号はキャリアの電荷の符号と一致するので，実験でホール係数の符号を決めればキャリアの電荷の符号がわかり，電子と正孔のどちらが電流を運んでいるかわかる．

(3) $j_x = \sigma_{xx}E_x + \sigma_{xy}E_y, j_y = -\sigma_{xy}E_x + \sigma_{xx}E_y$ より，$W = \sigma_{xx}|\mathbf{E}|^2$ となる．σ_{xy} が消費電力に現れてこないのは，磁場は常に電荷の速度と垂直に力を及ぼすため，電荷に対して仕事をしないためである．

例題3の発展問題

3-1. 図 2.4 のように,厚さ d で,x, y 方向の大きさがそれぞれ a, b の導体平板を考える.この平板に z 軸方向に磁場をかけたときの抵抗率テンソルを

$$\hat{\rho} = \begin{pmatrix} \rho_{xx} & \rho_{xy} \\ -\rho_{xy} & \rho_{xx} \end{pmatrix} \tag{2.28}$$

とかく(ρ_{xx}, ρ_{xy} は定数).この平板の側面(xy 面に垂直な 4 つの面)にそれぞれ電極をつける.図 2.4 のように x 方向に電流 I を流し,y 方向には電流が流れないようにする.平板内の電流分布は一様とする.

(1) この平板内での電場 **E** を求めよ.
(2) x 方向および y 方向のこの平板の電圧降下 V_x, V_y を求めよ.ただし図中の電圧計で + 側が高電位のときに正とする.
(3) この平板の抵抗 $R = V_x/I$ とホール抵抗 $R_H = V_y/I$ を求めよ.
(4) この平板全体での単位時間あたりの消費電力を求めよ.

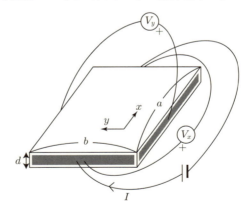

図 2.4: ホール効果.

例題 4　鏡像法

3次元空間内，$z \leq 0$ の領域に導体がある．さらに点 $(0,0,a)$ $(a>0)$ に電荷 q の点電荷を置く．このときの電場分布などについて調べよう．

(1) $z \geq 0$ の領域の電場分布については，導体表面 $z=0$ が等電位になり，かつガウスの法則から点 $\mathrm{P}(0,0,a)$ にのみ電気力線の湧き出しが存在するようにしなければならない．そのような $z \geq 0$ 領域での電場分布は，仮に全空間が真空としたときに，点 P の電荷に加えて，点 $\mathrm{P}'(0,0,-a)$ に，ある電荷 q' を持つ点電荷を仮想的においた場合の，$z \geq 0$ での電場分布と同じになることが知られている．q' を用いて位置 (x,y,z) $(z \geq 0)$ での電位を書け（備考：この点 P' は，導体表面を鏡とみなしたときの点 P に対する鏡像の位置に相当している）．
(2) この電荷 q' の値を求めよ．
(3) 真空の領域 $z \geq 0$ 内で，点 (x,y,z) での電位 $\phi(x,y,z)$ と電場 $\mathbf{E}(x,y,z)$ を求めよ．
(4) 点電荷 q が受ける力 $\mathbf{F}$ を求めよ．
(5) 導体表面上の点 $(x,y,0)$ での誘導電荷密度を求めよ．
(6) 導体が受ける力 $\mathbf{F}'$ をマクスウェル応力の観点から求めよ．

考え方

鏡像法のスタンダードで基本的な問題である．鏡像電荷 q' の意味に注意せよ．実際にこの鏡像の位置 $(0,0,-a)$ に電荷 q' があるわけではない．実際は導体表面に誘導電荷が分布し，それが真空中に電場を作るが，その電場分布がちょうど，$(0,0,-a)$ にある点電荷 q' による電場とぴったり一致するということである．このような鏡像法はどんな問題でも適用できるわけではなく，ここで挙げた例などの少数の簡単な場合にのみ適用できる，発見的方法である．

解答

(1)
$$\phi(x,y,z) = \frac{q}{4\pi\varepsilon_0} \frac{1}{\sqrt{x^2+y^2+(z-a)^2}}$$
$$+ \frac{q'}{4\pi\varepsilon_0} \frac{1}{\sqrt{x^2+y^2+(z+a)^2}} \tag{2.29}$$

(2) $\phi(x,y,z)$ は $z=0$ 上で常に一定値にならなければならない. $z=0$ 上では

$$\phi(x,y,0) = \frac{q+q'}{4\pi\varepsilon_0} \frac{1}{\sqrt{x^2+y^2+a^2}} \tag{2.30}$$

これが x, y によらず一定になるためには $q' = -q$.

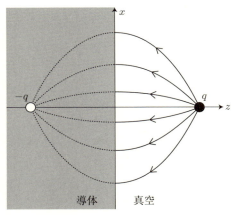

図 2.5: 半無限導体の静電誘導の鏡像法による解法. 実線矢印は電気力線を示す.

(3)
$$\phi(x,y,z) = \frac{q}{4\pi\varepsilon_0}\left[\frac{1}{\sqrt{x^2+y^2+(z-a)^2}}\right.$$
$$\left. - \frac{1}{\sqrt{x^2+y^2+(z+a)^2}}\right] \tag{2.31}$$

また, $\mathbf{E} = -\nabla\phi$ より,

ワンポイント解説

$$\mathbf{E}(x,y,z) = \frac{q}{4\pi\varepsilon_0}\left[\frac{(x,y,z-a)}{(x^2+y^2+(z-a)^2)^{3/2}}\right.$$
$$\left.-\frac{(x,y,z+a)}{(x^2+y^2+(z+a)^2)^{3/2}}\right] \quad (2.32)$$

(4) $z > 0$ での領域の電場分布は，真空中に q, $q'(=-q)$ の 2 つの点電荷がある場合と同じであるから，今回の場合に点電荷 q が受ける力は，真空中の点電荷 $q'(=-q)$ が $(0,0,-a)$ にあるときに，$(0,0,a)$ にある点電荷 q が受ける力に等しく

$$\mathbf{F} = \left(0,0,\frac{qq'}{4\pi\varepsilon_0(2a)^2}\right) = \left(0,0,\frac{-q^2}{16\pi\varepsilon_0 a^2}\right) \quad (2.33)$$

(5) (3) から導体表面の点 $\mathrm{P}(x,y,0)$ での電場は

$$\mathbf{E}(x,y,0) = \left(0,0,\frac{-qa}{2\pi\varepsilon_0}\frac{1}{(x^2+y^2+a^2)^{3/2}}\right) \quad (2.34)$$

であり，予想どおり表面に垂直となる．また導体内部では電場はゼロであるので，この点 P を内部に含み，底面が xy 平面に平行な小さな柱体を考えてガウスの法則を適用すれば，この点での電荷密度 $\sigma(x,y)$ は

$$\sigma(x,y,0) = \varepsilon_0 E_z(x,y,0) = \frac{-qa}{2\pi}\frac{1}{(x^2+y^2+a^2)^{3/2}} \quad (2.35)$$

(6) (5) より，この点 $\mathrm{P}(x,y,0)$ においては導体は，単位面積あたり $\frac{1}{2}\varepsilon_0 E_z^2 = \frac{q^2 a^2}{8\pi^2\varepsilon_0}\frac{1}{(x^2+y^2+a^2)^3}$ の力を z 軸正の向きに受ける．これを導体表面全体にわたって積分することで $\mathbf{F}' = (0,0,F_z')$ が求まる．

$$F'_z = \int_{-\infty}^{\infty} dx \int_{-\infty}^{\infty} dy \frac{q^2 a^2}{8\pi^2 \varepsilon_0} \frac{1}{(x^2 + y^2 + a^2)^3}$$
$$= \int_0^{\infty} dr \int_0^{2\pi} d\theta r \cdot \frac{q^2 a^2}{8\pi^2 \varepsilon_0} \frac{1}{(r^2 + a^2)^3}$$
$$= \int_0^{\infty} ds \frac{q^2 a^2}{8\pi \varepsilon_0} \frac{1}{(s + a^2)^3} = \frac{q^2}{16\pi a^2 \varepsilon_0} \quad (2.36)$$

→ $\mathbf{F}'$ は (4) の $\mathbf{F}$ の反作用であり，そのため $\mathbf{F} = -\mathbf{F}'$ を満たしている．

つまり $\mathbf{F}' = (0, 0, \frac{q^2}{16\pi\varepsilon_0 a^2})$．

例題 4 の発展問題

4-1. 3 次元空間内，$z \leq 0$ の領域に導体があり，$z > 0$ の領域は真空とする．さらに $x = 0, z = a$ （a は正定数）で表される直線 ℓ 上に線密度 λ で電荷が分布しているとする．例題 4 にならって鏡像法を用いて次の問いに答えよ．

(1) 真空の領域 $z > 0$ 内の点 (x, y, z) での電場 $\mathbf{E}(x, y, z)$ を求めよ．

(2) 導体表面上の点 $(x, y, 0)$ での誘導電荷密度を求めよ．

4-2. 半径 r の帯電していない導体球がある．この中心 O から距離 L $(L > r)$ の点 P に電荷 Q の点電荷を置くときに，電位および誘導電荷の分布を求めたい．線分 OP 上，O から距離 r^2/L の点を R とおき，この点 R が P の鏡像の位置と考えて鏡像法を適用することで求めよ（ヒント：点 R と点 O にそれぞれ仮想電荷 Q', $-Q'$ を置き，条件を満たすように Q' の値を定める）．

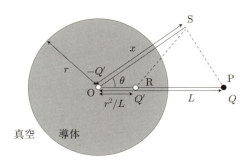

図 2.6: 導体球の静電誘導の鏡像法による解法．

重要度
★★

3 表皮効果

―――《 内容のまとめ 》―――

交流電場に対する電流の応答

　前章では，導体の静的な電荷分布について考えた．ここで電場が時間変動するような場合を考えると，電荷が流れることで生じる伝導電流（実電流）の他に，変位電流も生じる．これら2種類の電流について以下に説明する．

　マクスウェル方程式 $\nabla \times \mathbf{H} = \mathbf{j} + \frac{\partial \mathbf{D}}{\partial t}$ において，右辺第1項 $\mathbf{j}$ は伝導電流，第2項 $\frac{\partial \mathbf{D}}{\partial t}$ は変位電流（電束電流）である．導体中での伝導電流は，自由に動ける荷電粒子の流れそのものである．変位電流は伝導電流に比べ直感的にわかりにくいが，電束密度の時間変化 $\frac{\partial \mathbf{D}}{\partial t}$ であるため，荷電粒子が自由に動けない場合でも生じる．

　この上に挙げたマクスウェル方程式 $\nabla \times \mathbf{H} = \mathbf{j} + \frac{\partial \mathbf{D}}{\partial t}$ が意味しているのはこれら2種類の電流はともに磁場を作る作用があることであり，特に電磁波など，場の時間的変化が主要な役割を果たす現象を考えるには変位電流がなくてはならない．例えば絶縁体に電流が流れ込むと絶縁体中には伝導電流は流れないが，代わりに変位電流が存在しうる．粗っぽい言い方をすれば，変位電流は「絶縁体的な電流」といってよい．

　交流電流の場合には一般に伝導電流に加えて変位電流も生じる．それらのうちどちらが大きいか考えてみよう．

$$\frac{|\partial \mathbf{D}/\partial t|}{|\mathbf{j}|} = \frac{|i\omega \varepsilon \mathbf{E}|}{|\sigma \mathbf{E}|} = \frac{\omega \varepsilon}{\sigma} = \omega t_0 \tag{3.1}$$

$t_0 (\equiv \varepsilon/\sigma)$ は第2章で導入した，電荷が導体中で流れ去るまでの時間である．つまり $1/t_0$ の周波数スケールより高周波側 ($\omega \gg 1/t_0$) なら変位電流が伝導電流より大きく，絶縁体的である．低周波側 ($\omega \ll 1/t_0$) なら伝導電流のほう

が大きく，導体的である．$\omega \gg 1/t_0$ なら電荷の動きが交流の周波数に追随できないため，電荷は実質的には動けなくなり，そのため変位電流が支配的な絶縁体的領域となる．一方，周波数が低い ($\omega \ll 1/t_0$) なら，電荷が交流に追随して動くことができ，導体的領域に入ると解釈される．例えば銅の場合は前述のとおり $t_0 \sim 10^{-19}$ s となる．そのため $\omega \ll 10^{19}(1/\text{s})$ なら導体とみなせる．通常考える電磁波や交流電流の周波数はこれよりずっと小さいため，金属は導体として振る舞い，変位電流は伝導電流に比べて無視できる．このように，変位電流が伝導電流に比べて無視できて，$\nabla \times \mathbf{H} = \mathbf{j}$ とみなせる電流を準定常電流という．以下ではそうした場合に着目する．

導線を流れる交流電流での表皮効果

円柱状の導線に交流電流を流すことを考える．交流電流により交流磁場が導線の円周方向にできて，それによる誘導電場がちょうど導線中の交流電流を打ち消す方向にできる．そのため導線の中央付近では電流が流れず，表面近くに電流が集まる．これは表皮効果と呼ばれる．なお，以下では伝導率が高い金属を考えており，そのため通常の交流電流については $\omega t_0 \ll 1$ が成立して変位電流が無視でき，準定常電流とみなせるとする．

断面が半径 a の円であるような円柱状の導線に沿って，角振動数 ω の交流電流が流れている場合を考える（図3.1）．導線に沿った方向を z 方向とすると $\mathbf{E} = (0, 0, E_z e^{i\omega t})$ と書ける．対称性より，導線の中心軸を z 軸とする円柱座標で考えると，E_z は z や θ 座標によらず半径方向の座標 r にのみ依存する：

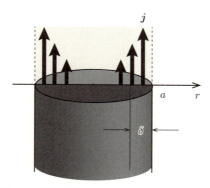

図 3.1: 導線を流れる交流電流での表皮効果．

$E_z = E_z(r)$. この電場についての方程式を導いておく.

マクスウェル方程式で変位電流を無視すると $\nabla \times \mathbf{H} = \mathbf{j}$, また $\mathbf{j} = \sigma \mathbf{E}$, $\nabla \times \mathbf{E} = -\frac{\partial \mathbf{B}}{\partial t}$ を連立する. 透磁率を μ とおくと,

$$\nabla \times (\nabla \times \mathbf{E}) = -\nabla \times \frac{\partial \mathbf{B}}{\partial t} = -\mu \frac{\partial}{\partial t} \mathbf{j} = -\mu \sigma \frac{\partial \mathbf{E}}{\partial t} \tag{3.2}$$

左辺は $\nabla \times (\nabla \times \mathbf{E}) = \nabla(\nabla \cdot \mathbf{E}) - \nabla^2 \mathbf{E}$ となるが, $\mathbf{E} \| \hat{z}$ で, $\nabla \cdot \mathbf{E} = \partial_z E_z = 0$ であるため, この第1項はゼロなので,

$$\left(\nabla^2 - i\omega\sigma\mu \right) \mathbf{E} = 0 \tag{3.3}$$

が得られる（これは後述する電信方程式 (3.8) で, 変位電流に対応する, 時間の2階微分の項を無視したものに相当する）. したがって, 円柱座標では

$$\frac{d^2 E_z}{dr^2} + \frac{1}{r}\frac{dE_z}{dr} = i\omega\sigma\mu E_z \tag{3.4}$$

ここで $k^2 = -i\omega\sigma\mu$ となる複素定数 k を導入して, $R = kr$ と変形する. なお $k = (1-i)\sqrt{\frac{\omega\sigma\mu}{2}} = (1-i)/\delta$ と表される. $\delta = \sqrt{\frac{2}{\omega\sigma\mu}}$ は**表皮厚さ**と呼ばれ, 長さの次元を持つ. すると

$$\frac{d^2 E_z}{dR^2} + \frac{1}{R}\frac{dE_z}{dR} + E_z = 0 \tag{3.5}$$

という0次のベッセル方程式と呼ばれる方程式に帰着する. この2階常微分方程式は線形独立な2つの解 $J_0(kr)$（ベッセル関数）, $N_0(kr)$（ノイマン関数）の線形結合で表される. N_0 は $r = 0$ で発散するため, この場合の解としては適当ではない. そのため

$$E_z = E_0 J_0(kr) \tag{3.6}$$

となる. E_0 は定数であり, 導線内の全電流の総和が, 導線に流入している電流に等しくなるように定められる.

$$\mathbf{E} = (0, 0, E_0 J_0(kr)), \quad \mathbf{j} = (0, 0, \sigma E_0 J_0(kr)). \tag{3.7}$$

導線の太さが表皮厚さより十分大きいとおくと, $R = kr = (1-i)(r/\delta)$ の絶対値は非常に大きいので, 導線の表面近くでの振る舞いは, ベッセル関数の R が大きいところでの漸近形を用いて求めることができる. 結果は $|E_z| \propto e^{r/\delta}$ となり, 表面から δ の厚さ程度にしか電流が流れていない. これを**表皮効果**といい, 電流が流れる領域の表面からの深さ δ を**表皮厚さ**という.

例題5 電磁波での表皮効果

今度は導体中を伝播する電磁波を考えてみよう.

(1) 電気伝導率 σ, 誘電率 ε, 透磁率 μ の媒質を考える. 電荷密度 $\rho = 0$ とし, マクスウェル方程式と $\sigma \mathbf{E} = \mathbf{j}$ とを組み合わせて, 方程式

$$\left(\nabla^2 - \mu\sigma\frac{\partial}{\partial t} - \mu\varepsilon\frac{\partial^2}{\partial t^2}\right)\mathbf{E} = 0 \tag{3.8}$$

を導け. この方程式は電信方程式と呼ばれる.

(2) この方程式の解の形として $\mathbf{E} = \mathbf{E}_0 e^{i\omega t - ikz}$ という形を仮定する ($\mathbf{E}_0$: 実数の定ベクトル). ここでは時間的に振動する電磁波解を求めたいので, ω は実数とする. このとき k は複素数となり, これを実部と虚部に分けて $k = k' - ik''$ と書くと

$$k' = \frac{1}{\delta}\left(\frac{\omega\varepsilon}{\sigma} + \sqrt{1 + \frac{\omega^2\varepsilon^2}{\sigma^2}}\right)^{1/2}, \quad k'' = \frac{1}{\delta}\left(\frac{\omega\varepsilon}{\sigma} + \sqrt{1 + \frac{\omega^2\varepsilon^2}{\sigma^2}}\right)^{-1/2}, \tag{3.9}$$

$$\delta = \sqrt{\frac{2}{\sigma\omega\mu}} \tag{3.10}$$

となることを示せ. なお波数 k が虚部 k'' を持つ複素数であることは, この電場が z 方向に向かって距離 $1/k''$ 程度で減衰することを示す. なぜなら, $k = k' - ik''$ より, $\mathbf{E} = \mathbf{E}_0 e^{i\omega t - ik'z} e^{-k''z}$ となるからである.

(3) 金属のような良導体の場合には $t_0 = \frac{\varepsilon}{\sigma}$ が非常に短く, 交流の周波数 ω は $\frac{\omega\varepsilon}{\sigma} = \omega t_0 \ll 1$ を満たす. その場合に近似的に k', k'' を求めよ.

(4) (i) $\omega \gg \frac{\sigma}{\varepsilon}$ および (ii) $\omega \ll \frac{\sigma}{\varepsilon}$ の場合の, 電磁波の性質について説明せよ.

考え方

マクスウェル方程式から電信方程式は導けるようにしておきたい. またこの場合は波数が複素数になるが, その虚部が電磁波の減衰を表すことを注意しておく.

解答

(1) マクスウェル方程式と $\sigma \mathbf{E} = \mathbf{j}$ とを組み合わせ,

$$\nabla \times (\nabla \times \mathbf{E}) = -\nabla \times \frac{\partial \mathbf{B}}{\partial t} = -\mu \frac{\partial}{\partial t}\left(\mathbf{j} + \frac{\partial \mathbf{D}}{\partial t}\right)$$

$$= -\mu\sigma \frac{\partial \mathbf{E}}{\partial t} - \mu\varepsilon \frac{\partial^2 \mathbf{E}}{\partial t^2} \qquad (3.11)$$

ここで電荷の保存則を用いると電荷密度 $\rho = 0$ であり, かつ $\nabla \cdot \mathbf{E} = 0$ としてよい (なぜなら, 例えば, 角振動数 ω で振動する解について, $0 = \frac{\partial \rho}{\partial t} + \nabla \cdot \mathbf{j} = i\omega\rho + \frac{\sigma}{\varepsilon}\rho$ より $\rho = 0$ であり, $\nabla \cdot \mathbf{E} = \frac{\rho}{\varepsilon} = 0$). したがって次の電信方程式を得る.

$$\left(\nabla^2 - \mu\sigma \frac{\partial}{\partial t} - \mu\varepsilon \frac{\partial^2}{\partial t^2}\right)\mathbf{E} = 0. \qquad (3.12)$$

(2) $\mathbf{E} = \mathbf{E}_0 e^{i\omega t - ikz}$ を電信方程式に代入すると

$$-k^2 - i\omega\sigma\mu + \mu\varepsilon\omega^2 = 0. \qquad (3.13)$$

したがって k を複素数 $k = k' - ik''$ とおいて実部・虚部を比較し,

$$k'^2 - k''^2 = \mu\varepsilon\omega^2, \ k'k'' = \omega\sigma\mu/2 \qquad (3.14)$$

ここで長さの次元を持つ量 $\delta \equiv \sqrt{\frac{2}{\omega\sigma\mu}}$ と, 無次元量 $\xi = \omega\varepsilon/\sigma$ を定義すると見やすい.

$$k'^2 - k''^2 = \frac{2\xi}{\delta^2}, \ k'k'' = \frac{1}{\delta^2} \qquad (3.15)$$

k'' を消去すると $k'^4 - \frac{2\xi}{\delta^2}k'^2 - \frac{1}{\delta^4} = 0$ であるため,

$$k' = \frac{1}{\delta}(\xi + \sqrt{1+\xi^2})^{1/2}, \qquad (3.16)$$

$$k'' = \frac{1}{\delta}(\xi + \sqrt{1+\xi^2})^{-1/2} \qquad (3.17)$$

が得られる. これらは式 (3.9) と一致する.

(3) $\frac{\omega\varepsilon}{\sigma} \ll 1$ が成立するときには, 式 (3.9) の括弧内は 1

ワンポイント解説

・k' は実なので $k'^2 > 0$ より, ルートの前の符号は正をとる.

としてよい．そのため $k' = k'' = 1/\delta$. したがって金属中には電磁波は δ 程度の距離までしか進入できない（つまり距離 δ 進むと電場の強さが e^{-1} 倍に減衰する）．この距離 δ は**表皮厚さ**であり，こうした効果も**表皮効果**という．

(4)(i) $\omega \gg \sigma/\varepsilon$ なら，式 (3.13) で左辺第 2 項を無視できて，$k^2 = \varepsilon\mu\omega^2$. よって $\omega = \pm vk$, $v \equiv \frac{1}{\sqrt{\varepsilon\mu}}$ となって，速さ v で伝播する電磁波となる．

(ii) $\omega \ll \sigma/\varepsilon$ なら，式 (3.13) で左辺第 3 項を無視できて，$k^2 = -i\mu\omega\sigma$. よって $k = \pm\sqrt{\frac{\mu\omega\sigma}{2}}(1-i)$. したがって，$\sqrt{\frac{2}{\mu\omega\sigma}}$ 程度の距離で減衰してしまう．

- つまり表皮効果は，導線を流れる交流電流の場合だけでなく，導体に入射する電磁波にも現れる．
- (4)(i) では電気伝導率 σ の項が無視でき，物質は絶縁体として振る舞い，電磁波は減衰せず伝播できる．

例題 5 の発展問題

5-1. 例題 5 の結果を用いて以下の問いに答えよ．透磁率は μ_0 とする．

(1) 銅（$\sigma = 6 \times 10^7 \ \Omega^{-1}\mathrm{m}^{-1}$）の場合に，(a) 波長 600 nm の可視光と (b) 1 GHz の電波（波長 0.3 m）の場合にそれぞれ表皮厚さを求めよ．

(2) ガラスの場合は $\sigma = 10^{-10} \sim 10^{-14} \ \Omega^{-1}\mathrm{m}^{-1}$ なので，仮に $\sigma = 10^{-10} \ \Omega^{-1}\mathrm{m}^{-1}$ として，波長 600 nm の可視光に対する表皮厚さを求めよ．

例題 6　導体中の電磁波の減衰

周波数 ω（実数）において透磁率 μ，誘電率 ε，電気伝導率 σ である導体を考える．導体中を z 軸の正の向きに進む電磁波を複素形式で $\mathbf{E} = (E_0 e^{i\omega t - ikz}, 0, 0)$（$E_0$ は実数）とし，$\omega\varepsilon/\sigma \ll 1$ として近似する．

(1) 導体中の電場 $\mathbf{E}(\mathbf{r})$ と磁場 $\mathbf{H}(\mathbf{r})$ を計算せよ（実数の場の形で書くこと）．

(2) 導体内の xy 面上の領域 D（面積 S）を通り，$z \geq 0$ の領域に単位時間あたりに入射するエネルギーの時間平均 $\langle W \rangle$ を求めよ．

(3) xy 面の領域 D（面積 S）を底面とし，$z = 0$ から $z = \infty$ までの範囲にまたがる柱体の中で，単位時間あたりに発生するジュール熱の時間平均 $\langle P \rangle$ を計算し，(2) と等しくなることを確かめよ．

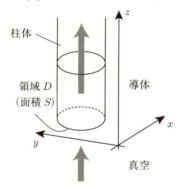

考え方

導体表面に入射する電磁波は，導体内部には表皮厚さ程度の深さまでしか侵入しないが，その物理的理由を考察するのが本題の目標である．

解答

(1) 式 (3.3) と同様にマクスウェル方程式から電信方程式を導出し、$k^2 = -i\mu\sigma\omega = \mu\sigma\omega e^{-\pi i/2}$ より、$k = \sqrt{\mu\sigma\omega}e^{-\pi i/4} = \frac{1-i}{\delta}$, $\delta = \sqrt{\frac{2}{\mu\sigma\omega}}$.

マクスウェル方程式から $\nabla \times \mathbf{E} = -\frac{\partial \mathbf{B}}{\partial t} = -\mu\frac{\partial \mathbf{H}}{\partial t}$ なので、磁場・電場とも $e^{i\omega t - ikz}$ に比例するとして、$-i\mu\omega\mathbf{H} = (0, -ikE_0 e^{i\omega t - ikz}, 0)$ より、$\mathbf{H} = (0, \frac{k}{\mu\omega}E_0 e^{i\omega t - ikz}, 0) = (0, \frac{1-i}{\delta\mu\omega}E_0 e^{i\omega t - ikz}, 0)$. 実部をとって、

$$\mathbf{E}(\mathbf{r}) = (E_0 e^{-\frac{z}{\delta}}\cos(\omega t - \frac{z}{\delta}), 0, 0),$$

$$\mathbf{H}(\mathbf{r}) = \left(0, \frac{\sqrt{2}}{\omega\mu\delta}E_0 e^{-\frac{z}{\delta}}\cos\left(\omega t - \frac{z}{\delta} - \frac{\pi}{4}\right), 0\right)$$

ただし $\delta = \sqrt{\frac{2}{\omega\mu\sigma}}$.

(2) ポインティングベクトル $\mathbf{S} = \mathbf{E} \times \mathbf{H}$ は $z = 0$ において、

$$\mathbf{S} = \frac{\sqrt{2}E_0^2}{\omega\mu\delta}\cos\omega t \cos\left(\omega t - \frac{\pi}{4}\right)(0,0,1)$$

$$= \frac{E_0^2}{\omega\mu\delta}\left(\cos^2\omega t + \cos\omega t \sin\omega t\right)(0,0,1)$$

この時間平均 $\langle \mathbf{S} \rangle$ は、$\langle \mathbf{S} \rangle = \frac{E_0^2}{2\omega\mu\delta}(0,0,1)$. これは xy 面に垂直なので、xy 面の領域 D に単位時間あたりに入射するエネルギーの時間平均 $\langle W \rangle$ は、

$$\langle W \rangle = S \cdot \langle S_z \rangle = \frac{E_0^2 S}{2\omega\mu\delta} \tag{3.18}$$

(3) 位置 $\mathbf{r}$ で単位時間あたりに発生するジュール熱の密度 $P(\mathbf{r})$ は $P(\mathbf{r}) = \sigma E^2 = \sigma E_0^2 e^{-2\frac{z}{\delta}}\cos^2\left(\omega t - \frac{z}{\delta}\right)$ でその時間平均は $\langle P(\mathbf{r}) \rangle = \frac{1}{2}\sigma E_0^2 e^{-2z/\delta}$. これをこの柱体の中で積分すると、単位時間あたりのジュール熱の時間平均は

ワンポイント解説

・実際は $k = \pm(1-i)/\delta$ であり、プラスは z 軸正の向きに進む波、マイナスは z 軸の負の向きに進む波を表す

$$\langle P \rangle = \int_0^\infty dz S \langle P(\mathbf{r}) \rangle = S\frac{\delta}{4}\sigma E_0^2 \qquad (3.19)$$

表皮厚さの表式を用いると，$\langle P \rangle = \langle W \rangle$ となって，入射した電磁波のエネルギーは最終的にすべてジュール熱となる．つまり電磁波は導体内で電流を作り出し，それが生み出すジュール熱により電磁波のエネルギーが失われるため，電磁波は導体内部に向かって指数的に減衰していくことになる．

例題6の発展問題

6-1. 例題6で示した導体中での電磁波の伝播において，ある時刻での電場 **E**，磁場 **H**，電流密度 **j** の空間分布を図示し，絶縁体の場合との違いを議論せよ．

例題7　完全導体表面での電磁波の反射

$z \geq 0$ の領域に完全導体（$\sigma = \infty$）があり，$z < 0$ の領域は真空とする．真空の領域に $+z$ 向きに電磁波が伝播し，導体表面 $z = 0$ に入射する．入射波は真空中では x 方向に直線偏光した電磁波であり，複素表示で $\mathbf{E}_\mathrm{I} = (E_\mathrm{I} e^{i(\omega t - kz)}, 0, 0)$ （$\omega > 0, k > 0$）とし，E_I は実とする．以下の問いに答えよ．

(1) 完全導体では表皮厚さがゼロとなるため，電磁波は完全導体内に侵入できず，完全反射する．反射波の電場を $\mathbf{E}_\mathrm{R}$ と書くと，周波数は入射波と同じく ω，また波の速度が逆符号となるので，$\mathbf{E}_\mathrm{R} = (E_\mathrm{R} e^{i(\omega t + kz)}, 0, 0)$ と書ける．導体表面での電場の境界条件から，E_R を E_I で表せ．

(2) これらに対応する入射波の磁束密度 $\mathbf{B}_\mathrm{I}$，反射波の磁束密度 $\mathbf{B}_\mathrm{R}$ を求めよ．

(3) 入射波と反射波は干渉して定在波を形成する．実数表示で，電場 $\mathbf{E}$ と磁束密度 $\mathbf{B}$ を求めよ．

考え方

導体では $\mathbf{j} = \sigma \mathbf{E}$ であるが，完全導体では $\sigma = \infty$ なので，電場 $\mathbf{E} = 0$ となる（さもないと電流密度が無限大となってしまう）．このような場合には計算が比較的単純になる．

解答

(1) $z = 0$ 上で入射波と反射波の電場の和は常にゼロとなる．そのためには $E_\mathrm{R} = -E_\mathrm{I}$

(2) マクスウェル方程式から $-i\omega \mathbf{B}_\mathrm{I} = \nabla \times \mathbf{E}_\mathrm{I}$．したがって，$\mathbf{B}_\mathrm{I} = (0, \frac{1}{c} E_\mathrm{I} e^{i(\omega t - kz)}, 0)$．反射波についても，(1) の結果を利用すると，同様な計算により，$\mathbf{B}_\mathrm{R} = (0, \frac{-1}{c} E_\mathrm{R} e^{i(\omega t + kz)}, 0) = (0, \frac{1}{c} E_\mathrm{I} e^{i(\omega t + kz)}, 0)$．

(3) 複素表示で入射波と反射波の和は，$\mathbf{E} = \mathbf{E}_\mathrm{I} + \mathbf{E}_\mathrm{R} = (-2i E_\mathrm{I} e^{i\omega t} \sin kz, 0, 0)$，$\mathbf{B} = \mathbf{B}_\mathrm{I} + \mathbf{B}_\mathrm{R} = (0, \frac{2}{c} E_\mathrm{I} e^{i\omega t} \cos kz, 0)$ である．そのため実数表示では，

ワンポイント解説

・なお $\omega = ck$ を用いた．c は真空中の光速である．

$$\mathbf{E} = (2E_\mathrm{I} \sin\omega t \sin kz, 0, 0)$$
$$\mathbf{B} = (0, \frac{2}{c} E_\mathrm{I} \cos\omega t \cos kz, 0)$$

例題 7 の発展問題

7-1. 例題 7 で求めた解から，導体表面 ($z = 0$) の両側で場の強さを比較すると，電場は両側でゼロであるが，磁場は真空側で $\mathbf{H} = (0, \frac{2}{\mu_0 c} E_\mathrm{I} \cos\omega t, 0)$ となり，完全導体側ではゼロである．このように磁場は表面で不連続となり，ここから第 8 章・式 (8.24) 式を用いて，表面に電流が流れていることが導かれる．この電流密度を求めよ．

7-2. 例題 7 では電場も磁場も導体表面に平行であるため，電場や磁場のマクスウェル応力は，導体表面を押す向き（$+z$ 向き）に導体表面に力を及ぼす．この機構により導体表面に及ぼされる圧力の時間平均 P を求めよ．

重要度
★★★

4 誘電体

─《 内容のまとめ 》─

　前節で扱った導体と異なり，自由に物質全体を運動できるような電荷が存在しない物質を絶縁体もしくは**誘電体**という．誘電体であっても，原子核やその周りを回る電子からなっているので，物質に電場をかけるとそれに応答してわずかながら電荷分布が変化する．正電荷は電場の向きに，負電荷は電場と反対向きに少し移動するため，物質中には電気双極子が分布するようになる．電場がないときにも，電気双極子が誘電体中に分布している場合もある（図 4.1）．単位体積あたりの電気双極子モーメントのベクトル和を**分極**と呼び，$\mathbf{P}$ と書く．

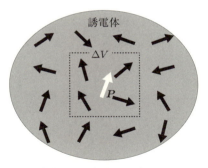

図 4.1: 誘電体の模式図．黒矢印は電気双極子モーメントで，それを単位体積あたりで和をとったものが分極 $\mathbf{P}$．

　以下，分極 $\mathbf{P}$ の物理的意味について考える．分極は (i) 単位体積あたりの電気双極子モーメント，という意味と同時に，(ii) $\mathbf{P}$ と垂直な誘電体表面に現れる表面電荷密度，という意味を持っている．このことについて以下説明する．誘電体中には元から正電荷と負電荷が等量存在しているが，仮にそれらの平

均位置が一致していると分極は現れない．各原子は，正電荷を持つ原子核とその周りの負電荷を持つ電子雲からなっているが，上の場合にはそれらの平均位置が一致して分極がゼロとなっている．ここでもし各原子内の正電荷（電荷 $+q$）と負電荷（電荷 $-q$）の中心位置が $\boldsymbol{\delta}$ だけずれるとする．1個の原子あたりの電気双極子モーメントは $\mathbf{p} = q\boldsymbol{\delta}$ であり，そうした原子の密度を n とすると，分極（単位体積あたりの電気双極子モーメント）は

$$\mathbf{P} = n\mathbf{p} \tag{4.1}$$

となる．正電荷（原子核）と負電荷（電子雲）を別々に考えると，電荷密度 nq の正電荷と，電荷密度 $-nq$ の負電荷が互いにベクトル $\boldsymbol{\delta}$ だけ離れて分布していることになる．そのため，例えばこのベクトル $\boldsymbol{\delta}$ ($\|\mathbf{P}$) に垂直な誘電体表面を考えると，電荷が単位面積あたり $nq|\boldsymbol{\delta}| = |\mathbf{P}|$ だけ存在していることになる（図 4.2(a)）．つまり，片方の誘電体表面には $|\mathbf{P}|$ の電荷密度で正電荷が，反対側の誘電体表面には $-|\mathbf{P}|$ の電荷密度で負電荷が現れることになる．このように誘電体中の分極によって，誘電体表面に現れる電荷を**分極電荷**という．これは自由に動くことのできる**真電荷**とは違い，誘電体中に束縛されているものである．

一方，誘電体表面の法線が分極 $\mathbf{P}$ と角度 θ をなしているとすると，表面分極電荷は $|\mathbf{P}|\cos\theta$ となる（図 4.2(b)）．すなわち一般に，今考えている表面の外向き単位法線ベクトルを $\mathbf{n}$ とすると，表面の単位面積あたり $\mathbf{n}\cdot\mathbf{P}$ の分極電荷が現れる．

また誘電体表面ではなく内部であっても，分極 $\mathbf{P}$ が一様でないときにはそこに分極電荷が現れる．簡単のため例えば $\mathbf{P} = (P_x, 0, 0)$ として，P_x が x のみに依存する場合を考える．x から $x + \Delta x$ の範囲の誘電体を取り除いたときに，隙間 $[x, x + \Delta x]$ のところに現れる分極電荷を計算する（取り除いたところの電荷の総和はゼロなので，電荷の計算には効かない）．x のところで現れる表面電荷密度は $P_x(x)$，$x + \Delta x$ のところで現れる表面電荷密度は $-P_x(x + \Delta x)$ なので，そこに現れる単位体積あたりの分極電荷密度は差し引きは

$$\rho_P = \frac{P_x(x) - P_x(x + \Delta x)}{\Delta x} = -\frac{\partial P_x}{\partial x} \tag{4.2}$$

となる（図 4.2(c)）．一般の場合についても同様に考察できて，結局，誘電体

40 　4　誘電体

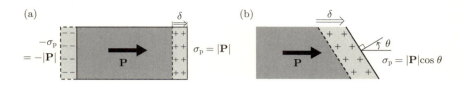

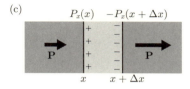

図 4.2: (a)(b) 表面の分極電荷．(a) は表面が分極と垂直な場合．(b) は表面の法線ベクトルと分極が角度 θ をなす場合．(c) 分極が一様でない場合には，分極電荷が誘電体内部に生じる．

内部に生じる分極電荷の単位体積あたりの密度は

$$\rho_P = -\nabla \cdot \mathbf{P} \tag{4.3}$$

となる．またさらに，この分極が時間変化すると電荷分布が変化するため，電流が流れる．分極 $\mathbf{P}$ の時間変化による，電流密度 $\mathbf{j}_\mathrm{P}$ は

$$\mathbf{j}_\mathrm{P} = \frac{\partial \mathbf{P}}{\partial t} \tag{4.4}$$

で表される．これはちょうど式 (4.3)，(4.4) を組み合わせると誘導電荷の電荷保存則 $\nabla \cdot \mathbf{j}_\mathrm{P} + \frac{\partial \rho_P}{\partial t} = 0$ が満たされるようになっている．

他方，真電荷（自由に動ける電荷）密度を ρ とおくと，全電荷密度 ρ_total は

$$\rho_\mathrm{total} = \rho + \rho_P \tag{4.5}$$

となる．真電荷も分極電荷も電場を生じるので，ガウスの法則から

$$\varepsilon_0 \nabla \cdot \mathbf{E} = \rho_\mathrm{total} \tag{4.6}$$

式 (4.3)，(4.5) と組み合わせると

$$\nabla \cdot (\varepsilon_0 \mathbf{E} + \mathbf{P}) = \rho \tag{4.7}$$

となる．この括弧内の物理量を電束密度 $\mathbf{D} \equiv \varepsilon_0 \mathbf{E} + \mathbf{P}$ と呼び，この電束密度は

$$\nabla \cdot \mathbf{D} = \rho \tag{4.8}$$

というガウスの法則を満足する．ガウスの法則の2つの形，式(4.6)と式(4.8)を比べるとわかるように，電場と電束密度の違いは，電束密度はあくまで真電荷のみから生じ，電場は真電荷と分極電荷の両方から生じるということである．積分形で書くと，それぞれ

$$\varepsilon_0 \int_{\partial V} \mathbf{E} \cdot d\mathbf{S} = Q_{\text{total}}, \quad \int_{\partial V} \mathbf{D} \cdot d\mathbf{S} = Q \tag{4.9}$$

となる．Q_{total}，Q はそれぞれ，閉曲面 ∂V に囲まれた領域にある全電荷（真電荷＋分極電荷），および真電荷である．

なお，アンペールの法則も変更を受ける．真空中では

$$\nabla \times \mathbf{H} = \mathbf{j} + \varepsilon_0 \frac{\partial \mathbf{E}}{\partial t} \tag{4.10}$$

となるが，物質中では分極 $\mathbf{P}$ の効果を取り入れる必要がある．アンペールの法則は伝導電流や変位電流により磁場が発生する様子を表している．一方，分極は物質中の誘導電荷分布を表している．もし誘導電荷分布が時間的に変化すると，誘導電荷による電流 $\mathbf{j}_\mathrm{P}$（式(4.4)）が流れるが，それも同様に磁場を作り出し，これが式(4.10)の右辺に加わるので，

$$\nabla \times \mathbf{H} = \mathbf{j} + \mathbf{j}_\mathrm{P} + \varepsilon_0 \frac{\partial \mathbf{E}}{\partial t} = \mathbf{j} + \frac{\partial(\varepsilon_0 \mathbf{E} + \mathbf{P})}{\partial t} \tag{4.11}$$

すなわち

$$\nabla \times \mathbf{H} = \mathbf{j} + \frac{\partial \mathbf{D}}{\partial t} \tag{4.12}$$

が，物質中でのアンペールの法則である．

物質に電場がかかって初めて分極が現れる物質を**常誘電体**という．こうした常誘電体では，電場が小さい場合は分極 $\mathbf{P}$ は電場 $\mathbf{E}$ に比例する．これを

$$\mathbf{P} = \chi_e \varepsilon_0 \mathbf{E} \tag{4.13}$$

と書き，この χ_e を電気感受率という．この電気感受率 χ_e は無次元量である．

例えば常温では水は $\chi_e = 79.4$，酸素は $\chi_e = 4.9 \times 10^{-4}$，石英ガラスは $\chi_e = 2.5 \sim 3.0$ 程度である．なおこの場合，

$$\mathbf{D} = \varepsilon_0 \mathbf{E} + \mathbf{P} = (1 + \chi_e)\varepsilon_0 \mathbf{E} \tag{4.14}$$

となるが，これを

$$\mathbf{D} = \varepsilon \mathbf{E}, \quad \varepsilon = (1 + \chi_e)\varepsilon_0 \tag{4.15}$$

と書き，ε を誘電率と呼ぶ．また $\kappa \equiv \varepsilon/\varepsilon_0$ を相対誘電率といい，無次元量である．上記の電気感受率から，誘電率は例えば常温の水では $\varepsilon = 80.4\varepsilon_0$，酸素は $\varepsilon = 1.00049\varepsilon_0$ などとなる．

このような常誘電体の他に，電場をかけなくても分極が生じている物質もある．例えば $BaTiO_3$，KH_2PO_4 などである．こうした物質を強誘電体と呼び，電場ゼロのときの分極を自発分極という．自発分極が起こる仕組みは物質によって異なる．例えば $BaTiO_3$ においては，結晶中の Ti^{4+}，O^{2-}，Ba^{2+} イオンの位置が互いに自発的にずれを起こすことで分極を生み出している．また KH_2PO_4 においては，結晶中の水素結合での水素イオンの安定位置が 2 通りあり，それらの位置が結晶中で整列することで全体として電気分極を生み出している．

電場のエネルギー

電荷 q を電場 $\mathbf{E}$ の下で $d\mathbf{x}$ だけ動かすと，電場がする仕事は $dW = q\mathbf{E} \cdot d\mathbf{x}$ であり，系全体の電気双極子モーメントは $d\mathbf{p} = qd\mathbf{x}$ だけ増加する．すなわち電場がする仕事 $dW = \mathbf{E} \cdot d\mathbf{p}$ と表される．これを単位体積あたりに直せば，電場がする仕事は $\mathbf{E} \cdot d\mathbf{P}$ であり，これが誘電体の持つエネルギーの変化となる．真空中での電場変化によるエネルギーの変化が $du_e \varepsilon_0 \mathbf{E} \cdot d\mathbf{E}$ であるので，全エネルギー変化 du は

$$du = \mathbf{E} \cdot d\mathbf{P} + \varepsilon_0 \mathbf{E} \cdot d\mathbf{E} = \mathbf{E} \cdot d\mathbf{D} \tag{4.16}$$

となる．この式は一般の物質の場合に成り立つ式である（$\mathbf{P}$ が $\mathbf{E}$ に比例していなくてもよい）．

特に $\mathbf{P}$ が $\mathbf{E}$ に比例している場合（すなわち常誘電体の場合）は $\mathbf{D} = \varepsilon \mathbf{E}$ と

なるため，上式を積分すると，電場によるエネルギー密度は

$$u = \int \mathbf{E} \cdot d\mathbf{D} = \int \varepsilon \mathbf{E} \cdot d\mathbf{E} = \frac{1}{2}\varepsilon \mathbf{E} \cdot \mathbf{E} \tag{4.17}$$

となり，真空中での表式で誘電率を ε_0 から ε へと置き換えた式となる．なお，マクスウェル応力の表式も同様に，ε_0 から ε へと置き換えればよく，$\frac{1}{2}\varepsilon E^2$ で与えられる．

例題 8　平行平板コンデンサ

平行平板コンデンサを考える．両極板の電荷密度を $\pm\sigma$ とすると，極板間の電場の強さは

$$E_e = \frac{\sigma}{\varepsilon_0} \tag{4.18}$$

である．ここに電気感受率 χ_e の常誘電体をはさむと，誘電体に分極が生じる．

(1) 分極を $\mathbf{P}$ とすると，誘電体の両側表面には $\pm P$ の密度で分極電荷が現れる．この分極電荷により，元々の電場 E_e と逆向きの電場 E' を生じる．こうした分極電荷が作る電場を**反電場**という．この反電場 E' は，P を用いてどう表されるか．ただし E_e と同じ向きを正とする．

(2) その結果，生じる電場は $E = E_e + E'$ である．誘電体中の電場の強さ E と，誘電体の分極 P を求めよ．

(3) 誘電体中での電束密度を求め，誘電率 ε を求めよ．

(4) 極板間隔を d，極板の面積を S とするとき，極板間の電圧を求め，これから電気容量 C を求めよ．

(5) このコンデンサに蓄えられたエネルギー U を求め，これを極板間の体積 Sd で割ることにより，誘電体内の電場のエネルギー密度を求めよ．

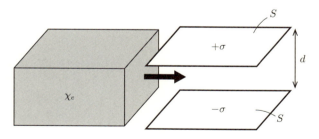

考え方

平行平板コンデンサの基本問題である．誘電体内の全電場 E と外部電場 E_e との区別に注意する．

解答

(1) 誘電体の両側には面密度 $\pm P$ で分極電荷が現れる．これらがもたらす反電場 E' の大きさは，ガウスの法則から

$$E' = -\frac{P}{\varepsilon_0} \tag{4.19}$$

(2) ここの式と式 (4.13) を連立させる．

生じる電場は

$$E = E_e + E' = E_e - \frac{P}{\varepsilon_0} \tag{4.20}$$

これと式 (4.13) から，

$$E = \frac{1}{1+\chi_e}E_e, \quad P = \frac{\chi_e \varepsilon_0}{1+\chi_e}E_e \tag{4.21}$$

(3) 誘電体中では，電束密度は $D \equiv \varepsilon_0 E + P = \varepsilon_0 E_e$ となる（つまりコンデンサ内部では誘電体の外側と内側とで電束密度は等しい．これは，電束密度がガウスの法則に従い，真電荷のみで定まることを示している）．これらから

$$D = (1+\chi_e)\varepsilon_0 E \tag{4.22}$$

となる．これは εE に等しいため，誘電率 ε は $\varepsilon = (1+\chi_e)\varepsilon_0$ となる．一般の場合に書くと，

$$\mathbf{P} = \chi_e \varepsilon_0 \mathbf{E} \tag{4.23}$$

$$\mathbf{D} = \varepsilon_0 \mathbf{E} + \mathbf{P} = (1+\chi_e)\varepsilon_0 \mathbf{E} \tag{4.24}$$

(4) 電圧は $V = Ed = \frac{\sigma d}{\varepsilon}$ であり，電荷は $Q = \sigma S$．したがって，電気容量 $C = \frac{Q}{V} = \varepsilon \frac{S}{d}$ となる．

まとめると，この平行平板コンデンサについて，極板間が真空のときは，極板間での電束密度 $D = \sigma$，電場 $E = \frac{\sigma}{\varepsilon_0}$ となる．この極板間に誘電率 ε の誘電体を満たすとする．これにより真電荷は変化し

ワンポイント解説

・なお式 (4.13) の右辺の E は，分極電荷からの反電場も合計した全電場 E であり，E_e ではないことに注意する．

ないので，電束密度 $D = \sigma$ のまま．そのため $E = \frac{\sigma}{\varepsilon}$ となり，これは真空の場合の $\varepsilon_0/\varepsilon$ 倍になる．

(5) 平行平板コンデンサに蓄えられたエネルギーは $U = \frac{1}{2}CV^2 = \frac{\sigma^2 Sd}{2\varepsilon}$ なので，単位体積あたりに直すと電場のエネルギー密度が得られ，$u = \frac{U}{Sd} = \frac{\sigma^2}{2\varepsilon} = \frac{1}{2}\varepsilon \mathbf{E} \cdot \mathbf{E}$ となり，式 (4.17) と一致する．

→ この電場の変化は，極板にある真電荷が，自分と逆符号の分極電荷を誘電体表面に誘起して電場を遮蔽した（つまり反電場を生じた）ためである．

例題 8 の発展問題

8-1. 半径 a の誘電体の球体があり，分極 $\mathbf{P}$ で一様に分極しているとする．球の中心を O とする．

(1) 球面上の点 P での誘導表面電荷の面密度 σ を，分極 $\mathbf{P}$ と線分 OP とのなす角 θ で表せ．

(2) この球の分極により，球の周囲には電位の分布が形成される．球の中心から P の向きに距離 R $(a < R)$ 離れた球外の点 Q に作る電位 $\varphi(R)$ を求めよ．

(3) この一様に分極した球は，一様に正電荷が分布した球と，一様に負電荷が分布した球が，空間的にわずかにずれて存在しているものとみなせる．これにより (2) で定義した $\varphi(R)$ を求め，(2) と一致することを確かめよ．

例題9　異なる誘電体同士の界面での場の接続条件

異なる種類の誘電体1,2が接している境界面を考え，その面の両側での電場や電束密度がどのように関係づけられるかを考える．

(1) 誘電体1,2内の電束密度を $\mathbf{D}_1$, $\mathbf{D}_2$ とおく．底面が境界面と平行で，一方の底面が誘電体1内，他方の底面が誘電体2内にあり，底面積が S，厚さが無限小の薄い柱体を考える（図4.3(a)）．この柱体でガウスの法則を適用することで，$\mathbf{D}_1$, $\mathbf{D}_2$ の間に成立する式を求めよ．

(2) 誘電体1,2内の電場を $\mathbf{E}_1$, $\mathbf{E}_2$ とおく．図4.3(b)に示すような閉曲線Cを考える．この曲線は境界面に沿って誘電体1,2にまたがり，境界に沿って微小な長さ l だけ誘電体2内を通り，次に誘電体1内で逆向きに戻る，という経路であり，この誘電体2の中の経路に沿った単位ベクトルを $\mathbf{t}$ とおく．閉曲線Cに沿った線積分にマクスウェル方程式を適用することで，$\mathbf{E}_1$, $\mathbf{E}_2$ の間に成立する式を求めよ．

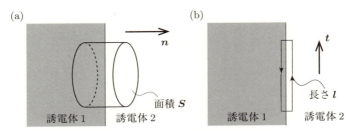

図4.3: (a) 電束密度，および (b) 電場に対する境界条件

考え方

電場と電束密度の，媒質境界での接続条件を求める基本問題．結果を単に暗記するのではなく，導出を理解しておきたい．

解答

(1) この柱体内にある真電荷はゼロ．したがって，ガウスの法則 (4.9) を図4.3(a)の柱体（底面積 S）に適用し，電束密度の境界面の法線方向成分 D_{1n}, D_{2n} について，

ワンポイント解説

$$D_{1n}S - D_{2n}S = 0 \quad \rightarrow \quad D_{1n} = D_{2n} \qquad (4.25)$$

が成立する．

・誘電体表面に生じる分極電荷は電束密度に寄与しないことに注意せよ

(2) これを示すにはマクスウェル方程式 (1.9) を，境界面をまたぐ閉曲線（図 4.3(b)）に適用して得られる．

$$E_{2t}l - E_{1t}l = 0 \quad \rightarrow \quad E_{1t} = E_{2t} \qquad (4.26)$$

ここの添字 t は接線ベクトル $\mathbf{t}$ の方向の成分を表す．すなわち電場 $\mathbf{E}$ については，法線方向成分は境界面で連続ではないが，接線成分が連続になる．

特に静的な場合に限れば $\nabla \times \mathbf{E} = 0$ なので，任意の場所で $\mathbf{E} = -\nabla \phi$ を満たす電位 ϕ が定義され，この電位は境界で連続であることが式 (4.26) からいえる．つまり，電場の接線成分の連続性 (4.26) を課す代わりに，電位が境界面の両側で連続であることを課してもよい．

例題9の発展問題

9-1. 図 4.4 のような平行平板コンデンサを考える．図 4.4(a) のように，このそれぞれの極板に，面密度が $\sigma\,(>0)$, $-\sigma$ になるように電荷を分布させる．

(1) 極板間での電場の強さ E と電束密度の強さ D を求めよ．

(2) この極板間の隙間の幅の半分の幅を持つ，平板状の誘電体を極板間に差し込む（図 4.4(b)）．この誘電体の誘電率を $\varepsilon = 3\varepsilon_0$ とする．このとき，この誘電体中での電場の強さ E と電束密度の強さ D を求めよ．

(3) この誘電体の表面 **a** に誘起されている電荷の面密度を求めよ．

(4) 図 4.4(b) での (i) 電束線および (ii) 電気力線の分布を別々に図示せよ．ただしそれらの違いがわかるように描き，特に，それぞれの線の密度は場の強さに比例するように描くこと．

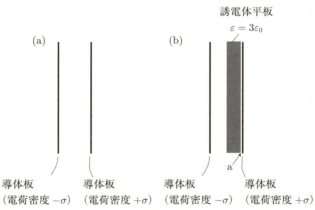

図 4.4: (a) 平行平板コンデンサ，(b) そこに誘電体平板を挿入した場合の図．

50   4 誘電体

例題 10　球対称な誘電体

半径 a と b $(a < b)$ の同心球にはさまれた領域に誘電率 ε の誘電体があり，他の領域は真空とする．また球の中心 O に電荷 Q の正電荷がある．

(1) 中心から r の距離の点での電束密度の強さ $D(r)$ および電場の強さ $E(r)$ を求めよ．
(2) 中心から r の距離の点での電位 $\phi(r)$ を求めよ．ただし無限遠を電位の基準とする．
(3) 誘電体の内側表面上の点 A および外側表面上の点 B での分極 $\mathbf{P}$ を求めよ．

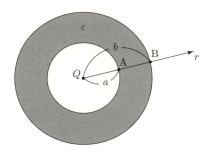

考え方

ガウスの法則 (4.9) を適用するが，そのときに電束密度 $\mathbf{D}$ と電場 $\mathbf{E}$ の違いに気をつける．電束密度 $\mathbf{D}$ に対するガウスの法則には真電荷が登場するので，この場合は球の中心の電荷 Q のみ考えればよいが，一方，電場 $\mathbf{E}$ に対するガウスの法則には，真電荷と分極電荷とが両方登場する．分極電荷の分布は計算しないとわからないので，この場合は電束密度に対するガウスの法則を適用するのがよい．

∥解答∥

(1) 系は球対称なので，$\mathbf{D}$ も $\mathbf{E}$ もともに半径方向を向いており，大きさは距離 r のみの関数である．ガウスの法則を中心 O，半径 r の球面に対して適用すれば，

ワンポイント解説

$$D(r) = \frac{Q}{4\pi r^2} \qquad (4.27)$$

である．これは r の値によらず成立する．電場 $\mathbf{E}$ は，その場所での誘電率で $\mathbf{D}$ を割ればよく，

$$E(r) = \frac{Q}{4\pi\varepsilon_0 r^2} \quad (r < a)$$
$$E(r) = \frac{Q}{4\pi\varepsilon r^2} \quad (a \le r \le b)$$
$$E(r) = \frac{Q}{4\pi\varepsilon_0 r^2} \quad (b < r)$$

である．

(2) 無限遠をゼロとした電位は，電場を無限遠から積分して $\phi(r) = \int_r^\infty E(r)dr$ として求められる．球の外 $(r > b)$ では，真空中と同じく，

$$\phi(r) = \frac{Q}{4\pi\varepsilon_0 r} \qquad (4.28)$$

である．誘電体の中 $(a \le r \le b)$ では，球の外側表面からさらに積分すると

$$\phi(r) = \phi(b) + \int_r^b dr E(r)$$
$$= \frac{Q}{4\pi\varepsilon_0 b} + \frac{Q}{4\pi\varepsilon}\left[\frac{1}{r} - \frac{1}{b}\right] \qquad (4.29)$$

となる．さらに誘電体内部の空洞 $(r \le a)$ では

$$\phi(r) = \phi(a) + \int_r^a dr E(r)$$
$$= \frac{Q}{4\pi\varepsilon_0 b} + \frac{Q}{4\pi\varepsilon}\left[\frac{1}{a} - \frac{1}{b}\right] + \frac{Q}{4\pi\varepsilon_0}\left[\frac{1}{r} - \frac{1}{a}\right] \qquad (4.30)$$

となる．

(3) 誘電体の中の電気分極 P の大きさは，

$$P(r) = D(r) - \varepsilon_0 E(r) = \frac{(\varepsilon - \varepsilon_0)Q}{4\pi\varepsilon r^2} \qquad (4.31)$$

この電気分極は，誘電体内で放射外向きに向いてい

る（$\varepsilon > \varepsilon_0$ とした）．

誘電体の外側表面では，分極と法線ベクトル $\mathbf{n}$ は同じ向きで，分極電荷密度は

$$\sigma_P = \mathbf{P}(b) \cdot \mathbf{n} = P(b) = \frac{(\varepsilon - \varepsilon_0)Q}{4\pi\varepsilon b^2} \tag{4.32}$$

である．導体の内側表面では，分極と法線ベクトル $\mathbf{n}$ は反対向きで，分極電荷密度は

$$\sigma_P = \mathbf{P}(a) \cdot \mathbf{n} = -P(a) = -\frac{(\varepsilon - \varepsilon_0)Q}{4\pi\varepsilon a^2} \tag{4.33}$$

である．

例題 10 の発展問題

10-1. 両極板が辺の長さ a および b の長方形であり，極板間隔が d の平行平板コンデンサに，電荷 $\pm Q$ を与える．

(1) 図 4.5(a) のように，極板の間に厚さ l，誘電率 ε $(> \varepsilon_0)$ の誘電体を，極板に平行に入れたとする．

(1-a) 誘電体を入れる前後での，静電エネルギーの変化を求めよ．

(1-b) 誘電体の厚さを増す向きに，誘電体が受ける力を求めよ．

(1-c) マクスウェル応力を用いて (1-b) の力を求め，結果を比較せよ．

(2) 今度は図 4.5(b) のように，厚さ d の誘電体を長さ a の方向に沿って距離 L だけ入れたとする．すなわち極板のうち Lb の面積のところには誘電体がはさまっている．

(2-a) このときの静電エネルギーを求めよ．

(2-b) 誘電体が受ける力を求めよ．

(2-c) マクスウェル応力を用いて (2-b) の力を求め，結果を比較せよ．誘電体はどちらの向きに力を受けるか．

10-2. 図 4.6 の回路においてスイッチを閉じて平行平板コンデンサに充電させた．このときの極板間の電場の強さを E_0 とし，平板間は真空とする．この極板間にちょうど入る形状の誘電体（誘電率 $\varepsilon = 3\varepsilon_0$）を極板間に挿入していく．次の問いに答えよ．

(1) スイッチを開いてから，極板間に誘電体を挿入したとき，

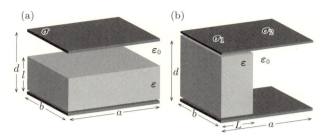

図 4.5: コンデンサ内に置かれた誘電体

(i) 誘電体内での電場の強さおよび電束密度の強さはいくらか．
(ii) 誘電体内でのエネルギーの密度はいくらか．
(iii) コンデンサに蓄えられたエネルギーは，誘電体を挿入する前後で増加したか減少したか答えよ．またこの差はどこから供給されたか説明せよ．
(2) 今度は (1) と違い，スイッチを閉じたまま極板間に誘電体を挿入する．
(i) 誘電体内での電場の強さおよび電束密度の強さはいくらか．
(ii) 誘電体内でのエネルギーの密度はいくらか．
(iii) コンデンサに蓄えられたエネルギーは，誘電体を挿入する前後で増加したか減少したか答えよ．この差はどこから供給されたか説明せよ．

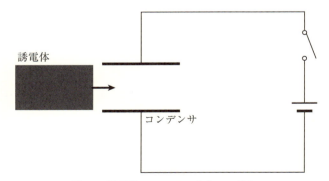

図 4.6: 誘電体のコンデンサ内への挿入．

例題 11　鏡像法

$z \leq 0$ の空間に誘電率 ε の誘電体があり，また $z > 0$ は真空（誘電率 ε_0）とする．座標 $(0, 0, a)$ $(a > 0)$ に電荷 Q の正電荷があるとき，鏡像法で電場分布を求めたい．

$z \geq 0$ の電場分布は，真空が全空間に広がっている状況で $(0, 0, a)$ に電荷 Q，$(0, 0, -a)$ に鏡像電荷 Q' がある場合と同じと仮定して，電位は

$$\phi(\mathbf{r}) = \frac{1}{4\pi\varepsilon_0}\left(\frac{Q}{\sqrt{x^2+y^2+(z-a)^2}} + \frac{Q'}{\sqrt{x^2+y^2+(z+a)^2}}\right) \quad (4.34)$$

とする．また $z \leq 0$ の電場分布は，誘電体が全空間に広がっている状況で $(0, 0, a)$ に電荷 Q'' がある場合と同じと仮定して，電位は

$$\phi(\mathbf{r}) = \frac{1}{4\pi\varepsilon}\frac{Q''}{\sqrt{x^2+y^2+(z-a)^2}} \quad (4.35)$$

とする．Q', Q'' は未知数である．このとき次の問いに答えよ．

(1) 界面 $z = 0$ 上では，$\mathbf{E}(\mathbf{r})$ のうち面の接線方向成分は連続であるため，$\phi(\mathbf{r})$ は界面で連続である．このことから Q', Q'' に成り立つ式を導出せよ．

(2) 界面には分極電荷のみで真電荷はないため，電束密度 $\mathbf{D}(\mathbf{r})$ の法線（z 軸）方向成分は連続である．このことから Q', Q'' に成り立つ式を導出せよ．

(3) Q', Q'' を求めよ．

(4) 電荷 Q が受ける力 $\mathbf{F}$ を求めよ．

考え方

ここではヒントのため，鏡像法による式 (4.34), (4.35) を問題文に入れたが，慣れてきたらこれらの式も自力で書けるとよい．なお Q', Q'' はあくまで，真空中や誘電体内の電場分布を示すために導入した仮想的なものであって，実際にその場所にその電荷があるわけではない．実際には誘電体の内部および表面において，点電荷 Q による誘導電荷が全体的に分布していることになる．

‖解答‖

(1) $z \geq 0$ での電位の式から $z = 0$ で,
$$\phi(x,y,0) = \frac{1}{4\pi\varepsilon_0}\frac{Q+Q'}{\sqrt{x^2+y^2+a^2}} \quad (4.36)$$

$z \leq 0$ での電位の式から $z = 0$ で,
$$\phi(x,y,0) = \frac{1}{4\pi\varepsilon}\frac{Q''}{\sqrt{x^2+y^2+a^2}} \quad (4.37)$$

これらが等しいので $\frac{Q+Q'}{\varepsilon_0} = \frac{Q''}{\varepsilon}$ となる.

(2) $z \geq 0$ では
$$D_z(\mathbf{r}) = -\varepsilon_0\frac{\partial}{\partial z}\phi(\mathbf{r}) = \frac{1}{4\pi}\cdot\left(\frac{Q(z-a)}{(x^2+y^2+(z-a)^2)^{\frac{3}{2}}}\right.$$
$$\left.+\frac{Q'(z+a)}{(x^2+y^2+(z+a)^2)^{\frac{3}{2}}}\right) \quad (4.38)$$

したがって $z = 0$ 上では
$$D_z(x,y,0) = \frac{a}{4\pi}\frac{-Q+Q'}{(x^2+y^2+a^2)^{3/2}}. \quad (4.39)$$

次に, $z \leq 0$ では
$$D_z(\mathbf{r}) = -\varepsilon\frac{\partial}{\partial z}\phi(\mathbf{r}) = \frac{1}{4\pi}\frac{Q''(z-a)}{(x^2+y^2+(z-a)^2)^{3/2}}. \quad (4.40)$$

したがって $z = 0$ 上では
$$D_z(x,y,0) = \frac{a}{4\pi}\frac{-Q''}{(x^2+y^2+a^2)^{3/2}}. \quad (4.41)$$

式 (4.39) と式 (4.41) が等しいので $-Q+Q' = -Q''$.

(3) (1), (2) より, $Q' = \frac{\varepsilon_0-\varepsilon}{\varepsilon_0+\varepsilon}Q$, $Q'' = \frac{2\varepsilon}{\varepsilon_0+\varepsilon}Q$.

(4) 真空中での電場は点電荷 Q と鏡像点電荷 Q' の作る電場を合成したものになるので, この場合に点電荷 Q が受けている力は, 点電荷 Q' が点電荷 Q に及ぼす力に等しい. したがって, $\mathbf{F} = (0,0,F_z)$ であり,
$$F_z = \frac{QQ'}{4\pi\varepsilon_0}\frac{1}{(2a)^2} = \frac{\varepsilon_0-\varepsilon}{\varepsilon_0+\varepsilon}\frac{Q^2}{16\pi\varepsilon_0 a^2}. \quad (4.42)$$

ワンポイント解説

→ すなわち $\varepsilon > \varepsilon_0$ なら誘電体から引力を受ける. これは, 正電荷を近づけると負の分極電荷が生じるからである

例題 11 の発展問題

11-1. 例題 11 において次の問いに答えよ．

(1) 誘電体内部 ($z < 0$) では分極 $\mathbf{P}$ が位置に依存している．ここから式 (4.3) より誘電体内部での分極電荷密度 ρ_P の分布を求めよ．

(2) 誘電体表面 ($z = 0$) での分極電荷の面密度の分布を求めよ．

(3) (1), (2) で計算された分極電荷から，点電荷 Q が受ける力を求め，これが例題 11(4) の結果と等しいことを確かめよ．

重要度 ★★★

5 分極率と誘電率の関係

―《 内容のまとめ 》―

次の節で述べるように,物質を構成する分子や原子が電場に応答して電気双極子モーメントを発現することで,物質全体に分極が現れる.原子や分子1個に $\mathbf{E}_{\text{local}}$ の電場がかかるとき,その原子や分子が持つ電気双極子モーメントは,

$$\mathbf{p} = \alpha \mathbf{E}_{\text{local}} \tag{5.1}$$

と表される.すなわち電場が強くなければ,発生する電気双極子モーメントは電場に比例するとしてよく,その比例定数を α と書く.この α は**分極率**と呼ばれる.こうした原子や分子が単位体積あたり N 個あるとすると,分極 $\mathbf{P}$ は

$$\mathbf{P} = N\alpha \mathbf{E}_{\text{local}} \tag{5.2}$$

である.ここで書いた $\mathbf{E}_{\text{local}}$ は原子や分子が感じる電場であり,**局所場**と呼ばれる.なお,この局所場 $\mathbf{E}_{\text{local}}$ は,電場 $\mathbf{E}$ とは異なっていることを注意しておきたい.なぜなら,ミクロにみると原子核や電子が電荷を持っているために,局所的な電場 $\mathbf{E}_{\text{local}}$ は原子・分子サイズ程度で激しく振動していて,それを平均化したものがここでいう「電場 $\mathbf{E}$」だからである.

ある原子・分子の位置の局所場 $\mathbf{E}_{\text{local}}$ を近似的に求めてみよう.物質中に一様電場 $\mathbf{E}$ を加えることで,一様に分極 $\mathbf{P}$ が生じているとする.それぞれの原子・分子は電気双極子を形成しており,ある電気双極子の位置(原点 O とする)での局所場 $\mathbf{E}_{\text{local}}$ は,周りにある電気双極子が作る電場と外部電場 $\mathbf{E}$ の和である.周りの電気双極子のうち原点から遠いものは,分極が一様に分布しているとみなして平均化しても差し支えないが,近いものについては双極

子の作る場を平均化せずに計算する必要がある．そのため，原点中心に半径 a の球を考え（半径 a の中には十分多くの電気双極子を含むとしておく），この球の内部と外部とで区分して考える．

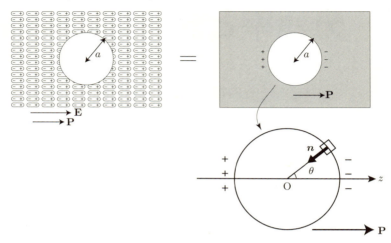

図 5.1: 局所場の導出．

球外の電気双極子は原点から遠いので，原点から見ると，平均して一様に分極 $\mathbf{P}$ が生じていると考えてよい（図 5.1）．この球外の電気双極子が原点に作る電場 $\mathbf{E}_>$ は，一様分極している誘電体に半径 a の球状の空洞があるときの，球の中心での電場として求める．円の中心を原点とし，$\mathbf{E}$ および $\mathbf{P}$ を $+z$ 軸の向きとして球座標 (r, θ, φ) で表すと，この分極により半径 a の球の内表面には，球座標で (a, θ, φ) の点に面密度 $-P\cos\theta$ の分極電荷が現れる．これが原点に作る z 軸方向の電場の大きさ $E_>$ は，球上の微小面積内の分極電荷が作る電場の z 成分を合計して

$$E_> = \int_0^\pi d\theta \int_0^{2\pi} d\varphi\, a^2 \sin\theta \cdot \frac{P\cos\theta}{4\pi\varepsilon_0 a^2} \cos\theta = \frac{P}{2\varepsilon_0} \int_{-1}^1 \cos^2\theta\, d(\cos\theta) = \frac{P}{3\varepsilon_0} \tag{5.3}$$

したがって，次の式が導かれる．

$$\mathbf{E}_> = \frac{1}{3\varepsilon_0}\mathbf{P} \tag{5.4}$$

また，球内の電気双極子による電場 $\mathbf{E}_<$ は，平均化せずに計算しないといけない．これは電気双極子の分布や分極機構などの詳細に依存する．ここでは

$$\mathbf{E}_< = 0 \tag{5.5}$$

とする．これは，例えば対称性の高い結晶の場合や，双極子が空間的にランダムに分布する場合（液体・気体）に成立すると期待され，以下では式 (5.5) を採用する．これを示すため，簡単な例として図 5.2 に示す単純立方格子状に電気双極子モーメント $\mathbf{p} = (0, 0, p)$ が並んだ系を考える．格子定数を d として，原点 O 以外の双極子モーメントが原点 O に作る電場 $\mathbf{E}_<$ を考える．考える双極子は $\mathbf{r} = d(X, Y, Z)$ $(X, Y, Z：整数, (X, Y, Z) \neq (0, 0, 0))$ にあるため，

$$\begin{aligned}\mathbf{E}_< &= \sum_{(X,Y,Z)\neq(0,0,0)} \frac{3pZ(X,Y,Z) - (X^2+Y^2+Z^2)(0,0,p)}{4\pi\varepsilon_0 d^3 (X^2+Y^2+Z^2)^{5/2}} \\ &= \frac{p}{4\pi\varepsilon_0 d^3} \sum_{(X,Y,Z)\neq(0,0,0)} \frac{(3XZ, 3YZ, 2Z^2 - X^2 - Y^2)}{(X^2+Y^2+Z^2)^{5/2}} \end{aligned} \tag{5.6}$$

ここでは $\mathbf{E}_<$ の定義より，原点からの距離 $(\propto \sqrt{X^2+Y^2+Z^2})$ がある値以内となる項の総和を取る．そこで原点からの距離が等しい項ごとにまとめて和を取ることにすると，上の和はゼロとなることがわかる．例えば原点 O から最近接の双極子は 6 個あり（図の灰色矢印），それら $(X,Y,Z) = (\pm 1, 0, 0)$, $(0, \pm 1, 0), (0, 0, \pm 1)$ について和を取るとゼロで，もっと原点から遠い双極子についても同様にゼロとなる（x, y 成分については対称性からゼロ，z 成分については $\langle X^2 \rangle = \langle Y^2 \rangle = \langle Z^2 \rangle$）．したがって $\mathbf{E}_< = 0$ である．

すると，局所場 $\mathbf{E}_{\text{local}}$ は

$$\mathbf{E}_{\text{local}} = \mathbf{E} + \mathbf{E}_> + \mathbf{E}_< = \mathbf{E} + \frac{1}{3\varepsilon_0}\mathbf{P} \tag{5.7}$$

となる．これをローレンツの局所場という．

式 (5.2), (5.7) より $\mathbf{P} = N\alpha \left(\mathbf{E} + \frac{1}{3\varepsilon_0}\mathbf{P} \right)$ なので

$$\mathbf{P} = \frac{N\alpha}{1 - N\alpha/(3\varepsilon_0)} \mathbf{E} \tag{5.8}$$

となり，電気感受率 χ は

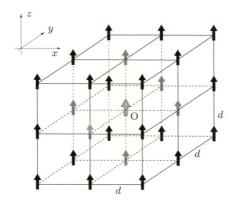

図 5.2: 単純立方格子上にある電気双極子モーメント.

$$\chi = \frac{N\alpha}{1 - N\alpha/(3\varepsilon_0)} \tag{5.9}$$

であり，これは $\varepsilon - \varepsilon_0$ に等しいので，

$$\frac{\varepsilon - \varepsilon_0}{\varepsilon + 2\varepsilon_0} = \frac{N\alpha}{3\varepsilon_0} \tag{5.10}$$

となる．これをクラウジウス-モソッティの関係式と呼ぶ．また光の周波数域では $\mu = \mu_0$ としてよいため，屈折率は $n = \sqrt{\frac{\varepsilon\mu}{\varepsilon_0\mu_0}} \sim \sqrt{\frac{\varepsilon}{\varepsilon_0}}$ と近似できるので，

$$\frac{n^2 - 1}{n^2 + 2} = \frac{N\alpha}{3\varepsilon_0} \tag{5.11}$$

となる．これをローレンツ-ローレンツの式と呼ぶ．

例題 12　電場中の誘電体球

本章学習のまとめでは一様な誘電体に球状の空洞が空いているとして，その中心での分極を考えた．これに関連し，以下の問題を考えよう．原点 O を中心とする誘電率 ε の誘電体球（半径 a）が真空中にあり，z 軸向きに一様電場 $\mathbf{E}_0$ がかかっている場合の，球表面の分極電荷分布および電場の分布を求める．

球の内部や外部では $\mathbf{E} = -\nabla\phi$，$\nabla \cdot \mathbf{E} = 0$（これは $\nabla \cdot \mathbf{D} = 0$ から出る）より，ϕ はラプラス方程式 $\nabla^2 \phi = 0$ の解である．球座標 (r, θ, φ) で表示すると，球から遠く離れた場所での電場は $\phi \sim -E_0 z = -E_0 r \cos\theta$ と表される．このことから，ラプラス方程式の一般解のうち，θ, φ に対する依存性が $\cos\theta$ に比例し，原点で発散しないような項のみを試しに残してみると，ラプラス方程式の変数分離による解法から，

$$r \leq a : \phi(r, \theta, \varphi) = Ar\cos\theta \tag{5.12}$$

$$r \geq a : \phi(r, \theta, \varphi) = \left(Br + \frac{C}{r^2}\right)\cos\theta \tag{5.13}$$

となり，以下で見るようにこれらの式でこの場合の電場分布を記述できることがわかっている．この解の形を用いて次の問いに答えよ．

(1) 球から遠くでは $\phi \sim -E_0 z = -E_0 r \cos\theta$ となることから B を求めよ．

(2) 球の表面 $(r = a)$ では電場の接線成分は連続なので，電位 ϕ も連続である．そのことから係数 A, B, C の間に成立する関係式を求めよ．

(3) 球の表面 $(r = a)$ では電束密度の法線成分は連続であることから係数 A, B, C の間に成立する関係式を求めよ．

(4) (2)，(3) から係数 A, B, C を求めよ．

(5) 球内部の分極を求めよ．

(6) 球内の電場 $\mathbf{E}$ を，外部電場 $\mathbf{E}_0$ と反電場 $\mathbf{E}'$ の和として表すとき，反電場 $\mathbf{E}'$ の値を E_0 で表せ．

(7) $\mathbf{E}' = -\gamma \frac{1}{\varepsilon_0}\mathbf{P}$ と書いたときの γ を**反電場係数**と呼び，誘電体の形状によって決まる定数である．誘電体球の場合に γ を求めよ．

考え方

一般の場合には，こうした問題は偏微分方程式の境界値問題になり，解析的に解くのは難しい場合が多いが，この例のような簡単な場合には発見的に解くことができる場合もある．

解答

(1) 球から遠くでは $\phi \sim -E_0 z = -E_0 r \cos\theta$ と表されることから $B = -E_0$．

(2) $r = a$ で ϕ は連続なので $A = B + \frac{C}{a^3}$．

(3) $r = a$ で $\mathbf{D}$ の球面の法線成分は連続であることを課す．$\mathbf{E} = -\nabla\phi$ の法線成分（r 成分）は $-\frac{\partial\phi}{\partial r}$ なので，$r = a$ で $\mathbf{D}$ の球面の法線成分は，球の内部で $D_n = -\varepsilon A \cos\theta$，球の外部で $D_n = -\varepsilon_0(B - 2C/a^3)\cos\theta$ となる．したがって $\varepsilon A = \varepsilon_0\left(B - \frac{2C}{a^3}\right)$．

(4) これらを解くと

$$A = -\frac{3\varepsilon_0}{\varepsilon + 2\varepsilon_0}E_0, \ B = -E_0, \ C = -a^3\frac{\varepsilon_0 - \varepsilon}{\varepsilon + 2\varepsilon_0}E_0. \tag{5.14}$$

(5) 上の結果から球内では $\phi = -\frac{3\varepsilon_0}{\varepsilon + 2\varepsilon_0}E_0 z$ となるので，球内の電場は一様で $\mathbf{E} = \frac{3\varepsilon_0}{\varepsilon + 2\varepsilon_0}\mathbf{E}_0$ となる．球内の分極は

$$\mathbf{P} = (\varepsilon - \varepsilon_0)\mathbf{E} = \frac{3(\varepsilon - \varepsilon_0)\varepsilon_0}{\varepsilon + 2\varepsilon_0}\mathbf{E}_0. \tag{5.15}$$

(6) $\mathbf{E} = \mathbf{E}_0 + \mathbf{E}'$ と書くとき，反電場 $\mathbf{E}'$ は $\mathbf{E}' = \mathbf{E} - \mathbf{E}_0 = -\frac{\varepsilon - \varepsilon_0}{\varepsilon + 2\varepsilon_0}\mathbf{E}_0$ となる．

(7) $\mathbf{E}' = -\frac{1}{3\varepsilon_0}\mathbf{P}$ となるので，$\gamma = \frac{1}{3}$ となる．

なお，この反電場係数は電場の方向に依存する．一般に軸対称な形の誘電体の場合には，各主軸方向の反電場係数を $\gamma_x, \gamma_y, \gamma_z$ とおくと

$$\gamma_x + \gamma_y + \gamma_z = 1 \tag{5.16}$$

ワンポイント解説

・この場合，円内部は一様に分極する．

となることが知られている．上で見たように誘電体球では $\gamma = \frac{1}{3}$ となる．また誘電体平板が電場に垂直に置かれると $\gamma = 1$ であり，これは例題 8(1) で述べた平行平板コンデンサの場合の反電場の式 $\mathbf{E}' = -\frac{1}{\varepsilon_0}\mathbf{P}$ に現れている．また平行に置かれると $\gamma = 0$ である．

例題 12 の発展問題

12-1. 例題 12 について電場 $\mathbf{E}(x, y, z)$ を計算せよ．

重要度
★★

6 分極の機構とダイナミクス

―《 内容のまとめ 》―

分極の機構

物質中の分極の機構はいくつかあるが，大別すると次の2種となる．(i) 物質中の電荷がポテンシャルに束縛されており，電場をかけると電場によるポテンシャルが加わるために，電荷のつりあいの位置がずれることによるものと，(ii) 物質中に元から電気双極子が分布し，電場がないときはランダムな向きに向いていて系全体としての分極はゼロだが，電場が加わると双極子モーメントの向きがそろい始めることによるもの（**配向分極**），である．

(i) については，原子核の周りを回る電子分布が電場によって変化することによる場合（**電子分極**）や，イオン結晶などの中のイオンが電場によってずれることによる場合（**イオン分極**）がある．以下，個々の場合について分極率 $\alpha(\omega)$ を計算する．

個々の分極機構の説明に入る前に，まずどのような分極機構においても分極率 $\alpha(\omega) = \alpha' - i\alpha''$ の虚部 α'' はエネルギーの散逸を表すことを指摘しておく．その理由は以下のようになる．簡単のため電荷は x 軸方向にのみ動けるとする．x 軸方向の電場 $E = E_\omega e^{i\omega t}$ （E_ω: 実）に対し，電気双極子モーメント $p = \alpha E_\omega e^{i\omega t}$ が生じる．この双極子モーメントは $p = q(x_+ - x_-)$ と表され，ここでは q は電荷，$x_\pm$ は正電荷，負電荷の座標とする．この電気双極子モーメントの時間変動が電流となる．例えば双極子が単位体積あたり N 個あるとして，電気双極子モーメントの変動による電流密度は $j = Nq\frac{d(x_+ - x_-)}{dt} = N\frac{dp}{dt} = i\omega\alpha N E_\omega e^{i\omega t}$ となる．したがって，単位体積あたりの消費電力は（複

素数表示から実数表示に直すときに実部を取ることに注意して）

$$w = \mathrm{Re}(j)\mathrm{Re}(E) = \omega N E_\omega^2 (\alpha'' \cos\omega t - \alpha' \sin\omega t)\cos\omega t \tag{6.1}$$

なのでその時間平均は

$$\langle w \rangle = \frac{1}{2}\omega N E_\omega^2 \alpha'' \tag{6.2}$$

となり，分極率の虚部 $\alpha''(\omega)$ に比例する．分極率は電場に対する応答として分極がどのくらい現れるかを表している．有限周波数 ω の場合には一般に分極率に虚部が現れ，これは電場と分極の間の位相のずれを表している．

例題13　電子分極

誘電体では電子は原子核の周りに束縛されている．電子の質量 m，電荷 $-e$ とし，電子は原子核の周りに，弾性定数 $m\omega_0^2$ で束縛されているとする．その電子が外部電場にどのように応答するか，以下のようなモデルで考えてみよう．図 6.1 のように，弾性定数 $k=m\omega_0^2$ のばねの一方の端に質量 m，電荷 $-e$ の電子があり，他方の端は固定されていると考える．簡単のため電子は一方向（X 方向と名付ける）にのみ動けるとし，平衡状態での電子の座標を $X=0$ とおく．

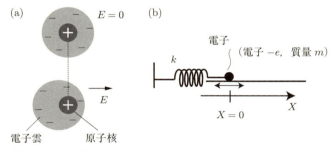

図 6.1: (a) 電場による電子分極の模式図．(b) 電子分極のモデル．

(1) まず，電子は抵抗なく動くことができるとして，X 軸方向に，$E(t) = E_0 \cos\omega t$（E_0，ω は定数）の振動電場を加える．このときの X 座標の時間変化 $X(t)$ を，$E(t) = E_0 e^{i\omega t}$ という複素表示を用いて求めよ．

(2) 次に，電子には速度 v に比例する抵抗力 $-m\gamma v$ がかかるとする．このとき，(1) と同様に $E(t) = E_0 e^{i\omega t}$ という振動電場がかかったときの X 座標 $X(t)$ を，$e^{i\omega t}$ に比例する形で複素数表示で求めよ．

(3) 電子1個あたりの分極率 $\alpha(\omega)$ を求めよ．これは電場 E に対して，現れる電気双極子モーメント $-eX$ の比 $\alpha(\omega) = \frac{-eX}{E}$ である．

(4) $\alpha(\omega)$ を実部と虚部に分ける：$\alpha = \alpha' - i\alpha''$．$\alpha'$，$\alpha''$ を ω の関数としてグラフを描け．

(5) 抵抗力により単位時間に失われるエネルギー Z の時間平均を求めよ．

(6) 電場が電子にする仕事率 W の時間平均 $\langle W \rangle$ を求め，$\langle W \rangle$ を ω の関数と見たときのグラフの概形を書け．

考え方

このような周波数 ω の外場に対する応答では，まず複素数表示を用いて問題を解き，必要に応じて実数表示に戻すとよい．ここでは定常的な振動のみに注目するので，初期条件は考慮する必要はない．

解答

(1) $m\frac{d^2}{dt^2}X = -eE_0 e^{i\omega t} - kX$. したがって周波数 ω では $m(\omega_0^2 - \omega^2)X = -eE_0 e^{i\omega t}$, よって
$X = \frac{-eE_0}{m(\omega_0^2 - \omega^2)} e^{i\omega t}$ となる．

(2) $m\frac{d^2}{dt^2}X = -eE_0 e^{i\omega t} - m\omega_0^2 X - m\gamma \frac{dX}{dt}$. したがって，周波数 ω では $m(\omega_0^2 - \omega^2 + i\gamma\omega)X = -eE_0 e^{i\omega t}$, $X = \frac{-eE_0}{m(\omega_0^2 - \omega^2 + i\gamma\omega)} e^{i\omega t}$ となる．

(3) 電子 1 個あたりの分極率 $\alpha(\omega)$ は
$$\alpha(\omega) = -\frac{eX}{E} = \frac{e^2/m}{\omega_0^2 - \omega^2 + i\omega\gamma} \quad (6.3)$$

(4) $\alpha' = \frac{\omega_0^2 - \omega^2}{(\omega_0^2 - \omega^2)^2 + \gamma^2\omega^2} \frac{e^2}{m}$, $\alpha'' = \frac{\gamma\omega}{(\omega_0^2 - \omega^2)^2 + \gamma^2\omega^2} \frac{e^2}{m}$ グラフは図 6.2 のとおり．

この式より，$\omega \sim \omega_0$ の近くで $\alpha(\omega)$ は大きな虚部を持つ．これは，この周波数域で電磁波が吸収されることを意味する．

(5) $m\gamma v$ の抵抗力に逆らって速度 v で動いているので，$Z = m\gamma v^2$. $X = \frac{-eE_0}{m(\omega_0^2 - \omega^2 + i\gamma\omega)} e^{i\omega t}$ より，$v = \frac{dX}{dt} = \frac{-i\omega eE_0}{m(\omega_0^2 - \omega^2 + i\gamma\omega)} e^{i\omega t}$. ここで $\frac{-i\omega eE_0}{m(\omega_0^2 - \omega^2 + i\gamma\omega)} = Ae^{i\theta}$ と極形式で表すと，実数表示で電子の速度は $v = A\cos(\omega t + \theta)$. したがって $Z = m\gamma v^2 = m\gamma A^2 \cos^2(\omega t + \theta)$. この時間平均は $\langle Z \rangle = \frac{1}{2}m\gamma A^2 = \frac{1}{2}m\gamma \left|\frac{-i\omega eE_0}{m(\omega_0^2 - \omega^2 + i\gamma\omega)}\right|^2 = \frac{1}{2}\gamma \frac{\omega^2 e^2 E_0^2}{[(\omega_0^2 - \omega^2)^2 + \gamma^2\omega^2]m}$.

(6) 電場が電子に及ぼす力は $F = -eE_0 \cos\omega t$. これによる仕事率 W は
$$W = Fv = -AeE_0 \cos\omega t \cos(\omega t + \theta). \quad (6.4)$$

ワンポイント解説

・この式の分母は $\omega = \omega_0$ で発散するが，これはこの系の固有振動数 ω_0 と等しい周波数の外場を印加すると共鳴して振動が発散的に増大することに対応している．

これの時間平均を取ると $\langle \cos\omega t \cos(\omega t + \theta)\rangle = \langle \cos\theta \cos^2\omega t - \sin\theta \cos\omega t \sin\omega t\rangle = \frac{1}{2}\cos\theta$ なので，

$$\begin{aligned}\langle W\rangle &= -\frac{1}{2}AeE_0\cos\theta \\ &= -\frac{1}{2}eE_0\mathrm{Re}\left(\frac{-i\omega eE_0}{m(\omega_0^2 - \omega^2 + i\gamma\omega)}\right) \\ &= \frac{1}{2m}\frac{\gamma\omega^2 e^2 E_0^2}{(\omega_0^2-\omega^2)^2 + \gamma^2\omega^2} = \langle Z\rangle.\end{aligned} \quad (6.5)$$

グラフは下図 6.2 のとおり．

(補足)

このように外部電場の周波数が ω_0 に近い値であると，電気双極子は共鳴を起こす．例えば角周波数 ω が ω_0 にほぼ等しい光を入射させると，(6) で述べたように結晶が電磁波のエネルギーを吸収してしまうため，透過率が下がる（結晶の厚さが十分厚いと電磁波が透過できず，透明でなくなる）．それに対して $\omega \gg \omega_0$ の場合は結晶はエネルギーを吸収できないので，結晶は透明である（電磁波が透過する）．

このように電子が原子核のポテンシャルに束縛され，平衡状態では電気双極子モーメントがゼロであるが，電場をかけると電子の平均的な位置がずれて電気双極子モーメントが出るような分極の機構を電子分極という．

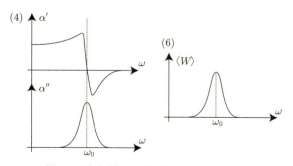

図 6.2: 電子分極の分極率の周波数依存性．

電子分極の特徴として，束縛ポテンシャルに対応した共鳴周波数があり，その周波数付近で吸収が増大するという特徴がある．この共鳴周波数は，電子分極の場合は一般に紫外域にある．

なお次の発展問題で扱うとおり，**イオン分極**も分極発生機構としては類似している．イオン結晶などのように，正負のイオンが配列し，電場ゼロの状態では双極子モーメントを生じていない状態にあるとする．これらも束縛ポテンシャルにより互いに束縛されており，電場を印加するとつりあいの位置がずれて電気双極子モーメントが出る．分極率の周波数依存性の形も類似しており，これは束縛ポテンシャルと減衰項という2つの要素がある場合に現れる代表的な形である．詳しくは次の発展問題で取り扱う．

例題13の発展問題

13-1. イオン分極

イオン結晶などのように，正負のイオンが配列し，電場ゼロの状態では双極子モーメントを生じていないとする．簡単のため，例えば図のような陽イオン（電荷 $+q$）と陰イオン（電荷 $-q$）からなる2原子分子のモデルを考える．

(1) 陽イオン，陰イオンのつりあいの位置からの変位をそれぞれ x^+, x^-，質量を M^+, M^- とする．これに電場 E を加えるときの，陽イオン，陰イオンの運動方程式を書け．ただし2つのイオンの間には弾性定数 k のばねがあり，$-k(x^+ - x^-)$ の復元力が働くとする．

(2) これらから，電気双極子モーメント $p = q(x^+ - x^-)$ についての運動方程式を求めよ．ただし換算質量を $M^* = \frac{M^+ M^-}{M^+ + M^-}$ とおく．

(3) さらに，イオンの運動が実際には周囲との相互作用により，すぐに電場には追随できないことに起因して，(2)の電気双極子モーメントについての運動方程式に減衰項 $-\gamma M^* \frac{d}{dt} p$ を加えることにする．このとき，周波数 ω での分極率 α を求めよ．

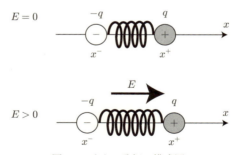

図 6.3: イオン分極の模式図.

例題 14　配向分極

次に別の分極機構である配向分極について考える．例えば，電気双極子モーメント μ を持つ液体や気体の分子を考える．電場ゼロのときは熱的な運動によりその向きは一様に分布し全体の分極はゼロだが，そこに電場 **E** がかかると，電場の方向に沿う電気双極子のエネルギーが低くなって実現確率が高まるため，平均すると分極が電場の方向に生じる．この分極を計算する．

(1) 電場 **E** と角度 θ をなす電気双極子モーメントのエネルギーは $-\mu E \cos\theta$ なので，統計力学より温度 T における実現確率は $\exp\frac{\mu E \cos\theta}{k_B T}$ に比例する（k_B はボルツマン定数）．このことから電場方向の電気双極子モーメントの平均値 p が

$$p = \mu \left(\coth\gamma - \frac{1}{\gamma}\right) \tag{6.6}$$

と表されることを確かめよ．ただし $\gamma = \frac{\mu E}{k_B T}$ とする．ここで出てきた関数 $L(\gamma) = \coth\gamma - \frac{1}{\gamma}$ をランジュバン関数という．

(2) 通常の条件下では $\gamma \ll 1$ である．このことを室温での水分子の場合に確かめよ．ただし水分子の電気双極子モーメントは $\mu \sim 6 \times 10^{-30}$ Cm，電場を $E = 100$ V/m とする．

(3) $\gamma \ll 1$ であるとして近似し，静電場に対する分極率 α を求めよ．

(4) 次に，交流電場 ($\mathbf{E} \propto e^{i\omega t}$) の場合の分極率 $\alpha(\omega)$ を，単純化したモデルで考えてみる．電場の方向を z 軸とすると，電場が時間的に一定のときには，電気双極子モーメントが (θ, φ) の方向に向く確率は $\exp\frac{\mu E \cos\theta}{k_B T} d\Omega \sim \left(1 + \frac{\mu E}{k_B T}\cos\theta\right) d\Omega$ に比例して分布する（$d\Omega = \sin\theta d\theta d\varphi$ は微小立体角）．今度は，電場が時間に依存する場合を考え，そのときの分布を特徴づける関数として $F(t)$ を導入する．電気双極子モーメントが (θ, φ) の方向に向く確率は

$$\left(1 + \frac{\mu F(t)}{k_B T}\cos\theta\right) d\Omega \tag{6.7}$$

に比例するとして，この分布を表す関数 $F(t)$ が，τ 程度の時間スケールで電場 $E(t)$ へと向かっていくと考え，

$$\frac{d}{dt}F(t) = -\frac{F(t) - E(t)}{\tau} \tag{6.8}$$

とおく．これは電場をかけても双極子モーメントの運動はすぐに追随できないことを表している（こうした「摩擦」は，例えば液体中の双極子の場合には液体の粘性により生じる）．振動電場 $E(t) = E_\omega e^{i\omega t}$ に対して，$F(t) = F_\omega e^{i\omega t}$ とおくことにより，F_ω を求め，分極率 $\alpha(\omega)$ を求めよ．

考え方

球座標で θ, φ と表される方向の微小立体角（単位球上の微小面積）は $d\Omega = \sin\theta d\theta d\varphi$ となることから，方向に関する積分にはこの因子が現れることに注意しておく．

解答

(1) 温度 T における実現確率は $\exp\frac{\mu E \cos\theta}{k_B T}$ に比例する．そのため，電場方向の電気双極子モーメント $\mu\cos\theta$ の平均値 p は，立体角に関する積分を行うと

$$p = \frac{\int_0^\pi \mu\cos\theta \exp\left(\frac{\mu E\cos\theta}{k_B T}\right) \cdot 2\pi\sin\theta d\theta}{\int_0^\pi \exp\left(\frac{\mu E\cos\theta}{k_B T}\right) \cdot 2\pi\sin\theta d\theta}$$

$$= \mu\frac{\int_{-1}^1 xe^{\gamma x}dx}{\int_{-1}^1 e^{\gamma x}dx} = \mu\left(\coth\gamma - \frac{1}{\gamma}\right) \tag{6.9}$$

ただし $\gamma = \frac{\mu E}{k_B T}$．ここで出てきた関数 $L(\gamma) = \coth\gamma - \frac{1}{\gamma}$ はランジュバン関数といい，図 6.4 にグラフを示す．

(2) 与えられた数値から水分子では室温で $\gamma \sim 1.5 \times 10^{-7} \ll 1$ が成り立つ．

(3) 通常の条件下では $\gamma \ll 1$ としてよく，このこの近似の下で，$\coth\gamma \sim \frac{1+\gamma^2/2}{\gamma+\gamma^3/6} \sim \frac{1}{\gamma} + \frac{\gamma}{3}$ なので，$L(\gamma) \sim \gamma/3$．したがって $p \sim \frac{\mu^2}{3k_B T}E$ となり，電気双極子モーメントは電場 $\mathbf{E}$ に比例し，分極率は $\alpha \sim \frac{\mu^2}{3k_B T}$．

ワンポイント解説

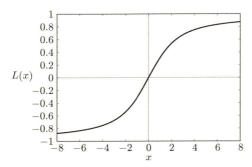

図 6.4: ランジュバン関数 $y = L(x)$.

(4) $\frac{d}{dt}F(t) = -\frac{F(t)-E(t)}{\tau}$ に，$E(t) = E_\omega e^{i\omega t}$，$F(t) = F_\omega e^{i\omega t}$ を代入すると，

$$F_\omega = \frac{E_\omega}{1+i\omega\tau} \qquad (6.10)$$

したがって，(1)，(3) と同様に

$$p = \frac{\int_0^\pi \mu\cos\theta\left(1+\frac{\mu F_\omega e^{i\omega t}}{k_B T}\cos\theta\right)\cdot 2\pi\sin\theta d\theta}{\int_0^\pi \left(1+\frac{\mu F_\omega e^{i\omega t}}{k_B T}\cos\theta\right)\cdot 2\pi\sin\theta d\theta}$$

$$\sim \frac{\mu^2 F_\omega e^{i\omega t}}{3k_B T} = \frac{\mu^2 E_\omega e^{i\omega t}}{3k_B T}\frac{1}{1+i\omega\tau} \qquad (6.11)$$

なので分極率 $\alpha(\omega)$ は

$$\alpha(\omega) = \frac{\mu^2}{3k_B T}\frac{1}{1+i\omega\tau} = \frac{\alpha(\omega=0)}{1+i\omega\tau} \qquad (6.12)$$

となり，$\alpha(\omega)$ の実部は周波数が大きくなると減少し，虚部は $\omega \sim \tau^{-1}$ 付近で最大となる．これは次の章で述べるデバイ型緩和の一例である．この吸収周波数 τ^{-1} はマイクロ波領域にある．

電子分極やイオン分極の場合は，最初は物質内に電気双極子が存在せず，電場に応じて双極子が発現するものであった．一方，配向分極は，最初から物質中に電気双極子が存在し，それらがばらばらな方向を向いていて，電場によりそれらの向きが徐々に

そろうというものである．そのため電子分極やイオン分極では，電気分極をゼロにする向きへの復元力が存在し，それに対応する固有周波数があってその周波数で吸収が共鳴的に増加する．一方，配向分極ではそのような復元力がないため，共鳴周波数というものがなく，周波数が大きくなると分極率の実部は単調にゼロに向かうという特徴がある．

また配向分極の場合に電場ゼロで分極がゼロとなるのは，温度の効果で電気双極子モーメントの向きがランダムになるためである．そのため $T \to 0$ では双極子の向きをランダムにする効果が弱まってきて分極しやすくなり，分極率 α が T^{-1} に比例して発散している．

例題14の発展問題

14-1. 図6.5のように大きさpの電気双極子モーメントが1個あり、これはxy面内で互いに$120°$をなす3つの向き（x軸の正の向き、およびそれと$\pm 120°$をなす向き）を取れるとし、これらの状態の間は自由に移り変われるとする．磁場がないときはこれらの状態のエネルギーは等しい．ここに$+x$軸方向に大きさEの電場をかける．次の問いに答えよ．

(1) 電気双極子モーメント$\mathbf{p}$のx成分の熱力学的平均値を求めよ．ただし温度をT，ボルツマン定数をk_Bとする．
（参考：統計力学のカノニカル分布に従うと，エネルギーがEの状態の実現確率は$e^{-\frac{E}{k_BT}}$に比例する）．

(2) このような電気双極子モーメントが単位体積あたりN個あるとする．$\frac{pE}{k_BT} \ll 1$と近似できるとき，この物質の電気感受率χを求めよ．

(3) このような電気双極子で構成されている物質は強誘電体か常誘電体か．

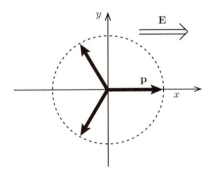

図6.5: 発展問題14-1での電気双極子モーメント

例題 15　誘電率の虚部と電磁波の減衰

一様で等方的な媒質について，周波数 ω で誘電率 $\varepsilon(\omega)$ が虚部をもち，

$$\varepsilon(\omega) = |\varepsilon|e^{-i\theta} \tag{6.13}$$

とかけるとする．ただし電場の時間依存性を $\mathbf{E} \propto e^{i\omega t}$ とし，$0 < \theta < \pi$ である．またこの媒質の透磁率は真空の透磁率 μ_0 とする．周波数が ω で $+z$ 軸の向きに伝播し，電場ベクトルが x 軸方向の電磁波を考える．真電荷密度 $\rho = 0$ および電流密度 $\mathbf{j} = 0$ とする．

(1) $\mathbf{E} = (\mathcal{E}e^{i(\omega t - kz)}, 0, 0)$ （$\mathcal{E}$ は実定数）とおくと，k は複素数となる．磁束密度 $\mathbf{B}$ を求め，さらに k を求めよ．
(2) この電磁波は伝播しながら減衰する．距離 L 進むと電場の強さが $1/e$ になるような距離 L を求めよ．
(3) この電磁波の等位相面が進む速さ（位相速度）を求めよ．

考え方

誘電率の虚部の物理的な意味を理解するための問題である．誘電率の虚部がゼロだと ω/k が電磁波の速さを表すが，虚部があるときには，ω/k は速度と等しくならない．

‖解答‖

(1) マクスウェル方程式 $-\frac{\partial \mathbf{B}}{\partial t} = \nabla \times \mathbf{E}$ において，$\mathbf{E}, \mathbf{B}$ は $e^{i\omega t}$ に比例すると仮定すれば，$\mathbf{B} = \frac{k}{\omega}(0, \mathcal{E}e^{i(\omega t - kz)}, 0)$ が得られる．これをさらにマクスウェル方程式の別の式 $\varepsilon \frac{\partial \mathbf{E}}{\partial t} = \nabla \times \mathbf{H}$ に代入すると $k^2 = \omega^2 \varepsilon \mu_0$ となる．

したがって，$k^2 = \omega^2|\varepsilon|\mu_0 e^{-i\theta}$ より

$$k = \pm\omega\sqrt{|\varepsilon|\mu_0}e^{-i\theta/2} \tag{6.14}$$

となる．これを

ワンポイント解説

$$k = \pm(k' - ik''), \tag{6.15}$$
$$k' = \omega\sqrt{|\varepsilon|\mu_0}\cos\frac{\theta}{2}, \ k'' = \omega\sqrt{|\varepsilon|\mu_0}\sin\frac{\theta}{2} \tag{6.16}$$

と書くと，$k' > 0, k'' > 0$ で，

$$\mathbf{E} = (\mathcal{E}e^{i(\omega t - kz)}, 0, 0) = (\mathcal{E}e^{i(\omega t \mp k'z)}e^{\mp k''z}, 0, 0) \tag{6.17}$$

と書ける．$+z$ の向きに進む波は複号の上をとればよく $k = k' - ik''$．

(2) 電場は $\mathbf{E} = (\mathcal{E}e^{i(\omega t - k'z)}e^{-k''z}, 0, 0)$ のようになり，その強さは $e^{-k''z}$ のように減衰する．そのためこれが $1/e$ に減衰するための長さは，

$$L = 1/k'' = 1/(\omega\sqrt{|\varepsilon|\mu_0}\sin(\theta/2)) \tag{6.18}$$

なお磁場も同じ減衰を示す．

(3) 実数表示では $\mathbf{E} = (\mathcal{E}e^{-k''z}\cos(\omega t - k'z), 0, 0)$ となるので，位相部分 $\omega t - k'z$ より位相速度は

$$\omega/k' = \frac{1}{\sqrt{|\varepsilon|\mu_0}\cos(\theta/2)} \tag{6.19}$$

となる．

・このように波数の虚部は波の減衰を表している．

例題15の発展問題

15-1. 例題 15 では虚部を持つ誘電率を最初に導入した．この虚部は実は伝導率と関係している．このことを以下で見ていくことにしよう．以下の問いに答えよ．

(1) 分極 $\mathbf{P} = (\varepsilon - \varepsilon_0)\mathbf{E}$ であり，これが角周波数 ω で時間変化すると振動電流が流れる．この電流密度を求めよ．

(2) 実際は上で求めた電流は絶縁体での分極電流 $\mathbf{j}_\mathrm{P}$ であり，金属の場合の自由なキャリアによる真電流 $\mathbf{j}$ とは異なる．ただ交流 ($\omega \neq 0$) についてはそれらの区別は曖昧になるため，それらを一緒に扱うことにすると，上で求めた電流密度と電場の関係をオームの法則 $\mathbf{j} = \sigma\mathbf{E}$ と比べることができる．これにより誘電率 ε を σ で表せ．

(3) 一方，オームの法則 $\mathbf{j} = \sigma\mathbf{E}$ において，周波数がゼロでないときには $\sigma = \sigma(\omega)$ は一般に実部と虚部をもつため，これらを $\sigma = \sigma' - i\sigma''$ (σ', σ'' は実) と表す．周波数 ω の電場 $\mathbf{E} = \mathbf{E}_0 e^{i\omega t}$ ($\mathbf{E}_0$ は実ベクトル) を加えたときの，単位体積あたりの消費電力の平均値 $\langle P \rangle$ はどのように表されるか．

(4) 誘電率 $\varepsilon = \varepsilon(\omega)$ も周波数がゼロでないときには一般に実部と虚部を持ち，$\varepsilon = \varepsilon' - i\varepsilon''$ と表せる．(2) の式を用いることで，(3) の単位体積あたりの消費電力の平均値 $\langle P \rangle$ を ε', ε'' を用いて表せ．

重要度
★

7 交流応答とクラマース-クローニッヒ関係式

―――《 内容のまとめ 》―――

交流の外場に対する応答

　前章では電場に対する分極の応答を考えた．この例を用いながら，一般に時間変動する外場に対する系の応答がどうなるかを考えよう．

　例えば常誘電体では電場 $\mathbf{E}$ に対する分極 $\mathbf{P}$ の応答を考え，この応答の時間変化について考える．以下簡単のため，分極や電場の1つの成分のみに着目する．電場 $\mathbf{E}$ が時間とともに角振動数 ω で振動すると，それの応答として分極も ω で振動する．この比例係数は電気感受率であり，それを $\chi(\omega)\,(=\varepsilon(\omega)-\varepsilon_0)$ とおくと

$$P(\omega) = \chi(\omega) E(\omega) \tag{7.1}$$

となる．誘電体での分極のメカニズムにより，どのくらいの時間スケールで分極が応答できるか決まるため，$\chi(\omega)$ は ω 依存性を持つ．この ω 依存性には物質の個性が反映されるが，一方でこの $\chi(\omega)$ が必ず満たすべき性質がいくつかあり，それらを以下に述べる．

　以下一般的に述べるため，外場を $F(t)$ とし，それに対する応答を $A(t)$ とする（F,A がそれぞれ電場 $\mathbf{E}$，分極 $\mathbf{P}$ に対応する）．それらのフーリエ変換を以下のように定義する．

$$F(t) = \frac{1}{2\pi}\int_{-\infty}^{\infty} F(\omega) e^{i\omega t} d\omega, \quad A(t) = \frac{1}{2\pi}\int_{-\infty}^{\infty} A(\omega) e^{i\omega t} d\omega \tag{7.2}$$

角周波数 ω で外場を加えるときには，一般に同じ角周波数で応答が現れる．

角周波数 ω の外場に対して同じ角周波数での応答が現れるとき，それらの間の比例定数（応答係数）を $K(\omega)$ と書くことにする．

$$A(\omega) = K(\omega)F(\omega) \tag{7.3}$$

なおここで，複素表示の応答について念のため復習しておく．これまでの議論からわかるとおり，例えば $F_0 \cos\omega t$（F_0: 実数）という外場が入ったとすると，これは複素表示では $F_0 e^{i\omega t}$ となるので，それに対する応答は $A(\omega) = KF_0 e^{i\omega t}$ となる．$K = K(\omega)$ は一般には複素数であり，それを $K = |K|e^{i\phi}$（ϕ: 実数）と極表示すると $A(\omega) = |K|F_0 e^{i(\omega t + \phi)}$，実数表示に戻すにはこの実部をとって，$|K|F_0 \cos(\omega t + \phi)$ となる．つまり K の絶対値は，外場と応答の振幅の比を表し，K の位相 ϕ は，外場と応答との位相のずれを表す．

以下では $A(t)$，$F(t)$ はともに実とする．すると式 (7.2) より

$$A(\omega)^* = A(-\omega), \ F(\omega)^* = F(-\omega) \tag{7.4}$$

したがって，

$$K(\omega)^* = K(-\omega) \tag{7.5}$$

となる．言い換えると，$K(\omega) = K'(\omega) - iK''(\omega)$（$K'$，$K''$ は実）のように，実部・虚部に分けて書けば

$$K'(\omega) = K'(-\omega), \ -K''(\omega) = K''(-\omega) \tag{7.6}$$

となり，実部 K'，虚部 K'' はそれぞれ ω の偶関数，奇関数である．

このようにある周波数で振動する外場に対しての応答は，周波数に依存した比例定数 $K(\omega)$ で記述される．では外場の時間変化が一般の場合はどうなるかというと，フーリエ変換を用いて各周波数の成分に分解し，それぞれが $K(\omega)$ の比例定数で応答を生み出すと考えればよい．そのため応答の時間変化は一般に複雑になる．この応答についてさらに調べてみよう．上の式 (7.2)，(7.3) より，

$$A(t) = \frac{1}{2\pi}\int_{-\infty}^{\infty} K(\omega)F(\omega)e^{i\omega t}d\omega$$

$$= \frac{1}{2\pi} \int_{-\infty}^{\infty} dt' \int_{-\infty}^{\infty} d\omega K(\omega) F(t') e^{i\omega(t-t')} \tag{7.7}$$

となる.例えば時刻 $t=0$ でデルタ関数の外力:$F(t)=\delta(t)$ を加えたときの応答 $A_\delta(t)$ は

$$A_\delta(t) = \frac{1}{2\pi} \int_{-\infty}^{\infty} d\omega K(\omega) e^{i\omega t} \tag{7.8}$$

となる.なお因果律(ある時刻での外場に対する応答は,外場が加わった時刻より後に現れる)より $t<0$ では $A_\delta(t)=0$ でなければならない.この要請は数学的に自動的に満たされるものではなく,むしろ現実の系に関する物理的要請としてこの時点で新たに加味すべきものであり,これにより応答係数 $K(\omega)$ に関する新しい制約条件が現れる.これがこの章で考えるクラマース-クローニッヒ関係式で,これは後で改めて述べる.

ここで $K(\omega)$ の $\omega \to \infty$ の極限の値を $K(\infty)=K_\infty$ とおき,$K(\omega)$ を

$$K(\omega) = K_\infty + (K(\omega) - K_\infty) \tag{7.9}$$

のように分けて書くと,第2項 $K(\omega)-K_\infty$ は $\omega \to \infty$ でゼロとなる.このように分離して書く理由は,第1項と第2項とは時間軸で見た場合の応答が質的に異なるからである.式 (7.9) のように分離すると,$F(t)=\delta(t)$ に対する応答式 (7.8) は

$$A_\delta(t) = K_\infty \delta(t) + \Phi(t), \tag{7.10}$$

$$\Phi(t) \equiv \frac{1}{2\pi} \int_{-\infty}^{\infty} d\omega (K(\omega) - K_\infty) e^{i\omega t} d\omega \tag{7.11}$$

となる.つまり K_∞ は外場の変化に即座に応答する項を表している.またこれから特に,$A(t), F(t)$ は実数の場であることより,K_∞ も実数であることが導かれる.また第2項 $\Phi(t)$ は外場変化より遅れて応答が現れる様子を示しているが,因果律より $t<0$ でゼロとなるべきであり,このことの帰結は後述する.

まず,任意の外場に対する応答 $A(t)$ を議論しよう.式 (7.7), (7.8) を用いると,

7 交流応答とクラマース-クローニッヒ関係式

$$A(t) = \int_{-\infty}^{\infty} dt' F(t') A_\delta(t-t') \tag{7.12}$$

となる．つまり任意の外場 F に対する応答 $A(t)$ は，デルタ関数に対する応答 $A_\delta(t)$ と，外場 $F(t)$ とのたたみ込み積分で表され，時刻 t' での外場の値が，時間 $t-t'$ の後に応答として反映されることを示している．

式 (7.10) で示したように，$A_\delta(t)$ はデルタ関数の項 $K_\infty \delta(t)$ と，t に対してなめらかに変化する関数 $\Phi(t)$ とからなっている．これから，任意の外場に対する応答式 (7.12) は

$$A(t) = K_\infty F(t) + \int_{-\infty}^{t} dt' F(t') \Phi(t-t') \tag{7.13}$$

と書ける．ここでは $\Phi(t)$ が $t<0$ でゼロになることを用いた．

この式の応用例を 1 つ挙げる．例えば外場が $t<0$ ではゼロで，時刻 $t=0$ から一定値の外場 $F(t) = F_0$（定数）が加わったときには，応答 $A(t)$ は $t>0$ で，

$$A(t) = F_0 K_\infty + F_0 \int_0^t dt' \Phi(t-t') \tag{7.14}$$

と表せる．特に，

$$A(t=0) = F_0 K_\infty, \quad A(t=\infty) = F_0 K(\omega=0) \tag{7.15}$$

である．式 (7.15) の第 2 式は以下のように示される．式 (7.8) から，

$$K(\omega) = \int_{-\infty}^{\infty} dt A_\delta(t) e^{-i\omega t}$$

なので，特に

$$K(\omega=0) = \int_{-\infty}^{\infty} dt' A_\delta(t') \tag{7.16}$$

である．一方で，式 (7.12) を今の場合の外場 $F(t)$ に適用すると

$$A(t) = F_0 \int_0^{\infty} dt' A_\delta(t-t') = F_0 \int_{-\infty}^{t} dt' A_\delta(t') \tag{7.17}$$

なのでここで $t \to \infty$ という極限を取ると式 (7.15) の第 2 式 $A(t=\infty) = F_0 K(\omega=0)$ が出る．

まとめると，式 (7.15) から，$K(\omega)$ の $\omega \to \infty$ は系の瞬間的な応答，$\omega = 0$

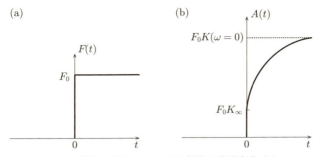

図 7.1: 外場の変化 (a) による応答の時間変化 (b).

は長時間後の応答を表す．これを図示すると図 7.1 のようになる．

因果律とクラマース-クローニッヒ関係式

次に，因果律から導かれる $K(\omega)$ の性質について調べる．因果律から，外力が加わる時刻より後に応答が現れることになるため，デルタ関数型の外場に対する応答 $\Phi(t)$ は $t < 0$ でゼロである．これから $\Phi(t)$ の表式 (7.11) の被積分関数 $K(\omega) - K_\infty$ は ω の下半平面で解析的であることが従う（これは例えば式 (7.11) の積分を複素積分として評価する際に，被積分関数が下半平面で解析的なら，$t < 0$ のときに下半平面で閉じるような半円上での周回積分に帰着できて，積分がゼロになることになるからである．また式 (7.11) をフーリエ変換の式とみれば $K(\omega) - K_\infty = \int_{-\infty}^{\infty} \Phi(t) e^{-i\omega t} dt = \int_{0}^{\infty} \Phi(t) e^{-i\omega t} dt$ と書き直せて，ω を複素数とみれば下半平面へと発散することなく解析接続できることに対応する）．

このことより，図 7.2 の積分路 C に対して $\oint_C \frac{K(\omega') - K_\infty}{\omega' - \omega} d\omega'$ を考える（分子で K_∞ を引いているのは $\omega' \to \infty$ での極限をゼロにするため）．C で囲まれている中には特異点がなく，また $\lim_{\omega \to \infty} (K(\omega) - K_\infty) = 0$ であるので，

$$P \int_{-\infty}^{\infty} \frac{K(\omega') - K_\infty}{\omega' - \omega} d\omega' + \pi i K(\omega) = 0 \tag{7.18}$$

$P \int$ は主値積分を表す．実部と虚部をそれぞれ比較すると

$$K''(\omega) = -\frac{1}{\pi} P \int_{-\infty}^{\infty} \frac{K'(\omega') - K_{\infty}}{\omega' - \omega} d\omega', \tag{7.19}$$

$$K'(\omega) = \frac{1}{\pi} P \int_{-\infty}^{\infty} \frac{K''(\omega')}{\omega' - \omega} d\omega' \tag{7.20}$$

となる．K', K'' はそれぞれ ω の偶関数，奇関数であることを考慮すると

$$K''(\omega) = -\frac{2}{\pi} P \int_{0}^{\infty} \frac{\omega(K'(\omega') - K_{\infty})}{\omega'^2 - \omega^2} d\omega', \tag{7.21}$$

$$K'(\omega) = \frac{2}{\pi} P \int_{0}^{\infty} \frac{\omega' K''(\omega')}{\omega'^2 - \omega^2} d\omega' \tag{7.22}$$

となる．すなわち，因果律を物理的要請として課すと，応答係数 $K(\omega)$ の実部と虚部とが独立ではなく，実部と虚部の一方がわかると他方はこの積分により計算できる．これらの式 (7.21)，(7.22) または式 (7.19)，(7.20) をクラマース-クローニッヒ関係式と呼ぶ．

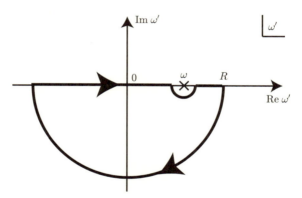

図 7.2: クラマース-クローニッヒ関係式を導くための積分路．

誘電率の場合に戻る．誘電率 $\varepsilon(\omega)$ を $\varepsilon(\omega) = \varepsilon'(\omega) - i\varepsilon''(\omega)$ のように，実部 ε' と虚部 ε'' に分解する．電場に対する分極の応答を表す応答係数は，$K(\omega) = \varepsilon(\omega) - \varepsilon_0$ となるので，これにクラマース-クローニッヒ関係式を利用する（なお $\varepsilon(\omega = \infty) = \varepsilon_0$ なので，$K(\infty) = 0$ となる．これは，外場の周波数が非常に大きい極限では，物質は外場に応答できないことを示していて，常に成立する）．

$$\varepsilon''(\omega) = -\frac{2}{\pi} P \int_0^\infty \frac{\omega(\varepsilon'(\omega') - \varepsilon_0)}{\omega'^2 - \omega^2} d\omega', \tag{7.23}$$

$$\varepsilon'(\omega) - \varepsilon_0 = \frac{2}{\pi} P \int_0^\infty \frac{\omega' \varepsilon''(\omega')}{\omega'^2 - \omega^2} d\omega' \tag{7.24}$$

が得られる.

例題 16　電場に対する分極の交流応答

ある分子に各振動数 ω の電場 $E(\omega)$（複素表示で $E(\omega) \propto e^{i\omega t}$）をかけると電気双極子モーメント $P(\omega)$ が応答として発生するとき，分極率 $\alpha(\omega)$ を $P(\omega) = \alpha(\omega)E(\omega)$ と定義する．その分極率 $\alpha(\omega)$ が $\alpha(\omega) = \frac{\alpha_0}{1+i\omega\tau}$ ($\tau > 0$) と与えられるとする．α_0, τ は定数である．

(1) 電場 $E(t) = E_0 \cos\omega t$ を印加するとき，現れる電気双極子モーメント $P(t)$ を時間の関数として求めよ（$P(t)$ は複素表示でなく，実関数として求めよ）．

(2) 単位時間あたりに発生する熱は $W = E\frac{dP}{dt}$ で与えられる．この単位時間あたりに発生する熱の時間平均 $\langle W \rangle$ を求めよ．

(3) 電場 E を $E(t) = E_0\delta(t)$ のようにパルス状に変化させたとする．このとき発生する電気双極子モーメントの時間変化 $P(t)$ を求めよ（ヒント：$\delta(t) = \frac{1}{2\pi}\int_{-\infty}^{\infty} e^{i\omega t}d\omega$）．

考え方

周波数 ω での応答を考える際には複素表示で計算を行えばよいが，(2) の熱の計算のように，周波数 ω で振動する場同士のかけ算をする際には，実数表示にしないといけないことに注意する．これは，複素表示のうちで実部のみが物理的な意味を持つためである．

‖解答‖

(1) 複素表示では $E(t) = E_0 e^{i\omega t}$ と書けるので，$P(\omega) = \alpha(\omega)E(\omega) = \frac{\alpha_0 E_0}{1+i\omega\tau}e^{i\omega t} = \alpha_0 E_0 \frac{1-i\omega\tau}{1+\omega^2\tau^2}e^{i\omega t}$ となり，実際の場はこの実部で書けるので，

$$P(t) = \alpha_0 E_0 \frac{\cos\omega t + \omega\tau\sin\omega t}{1+\omega^2\tau^2}. \tag{7.25}$$

(2) $W = E\frac{dP}{dt} = E_0\cos\omega t \cdot \alpha_0 E_0 \omega \frac{-\sin\omega t + \omega\tau\cos\omega t}{1+\omega^2\tau^2}$ この時間平均は，$\langle\cos^2\omega t\rangle = \frac{1}{2}$，$\langle\cos\omega t\sin\omega t\rangle = 0$ を用いると，$\langle W \rangle = \frac{\alpha_0 E_0^2 \omega}{2}\frac{\omega\tau}{1+\omega^2\tau^2}$ である．

(3) $E(t) = E_0\delta(t) = E_0 \frac{1}{2\pi}\int_{-\infty}^{\infty}e^{i\omega t}d\omega$．これは $E(t)$ の中に各周波数成分が $E_0/2\pi$ ずつ含まれているこ

ワンポイント解説

→ 複素表示でやろうとすると E も P も $e^{i\omega t}$ に比例するため，W が $e^{2i\omega t}$ に比例して，時間平均がゼロになるという誤った答えになる．

とを表しており，各周波数成分がそれぞれ分極率 $\alpha(\omega)$ で分極 $\alpha(\omega)E_0/2\pi$ を作り出す．そのため分極は

$$P(t) = \frac{E_0}{2\pi}\int_{-\infty}^{\infty}\alpha(\omega)e^{i\omega t}d\omega$$
$$= \frac{E_0}{2\pi}\int_{-\infty}^{\infty}\frac{\alpha_0}{1+i\omega\tau}e^{i\omega t}d\omega. \quad (7.26)$$

この積分を留数積分の手法で計算する．通常どおり，複素平面の原点に中心を持ち実軸上に直径を持つ半円の周上で積分するが，円周部分の積分が半径無限大の極限でゼロに収束するための条件から，$t \geq 0$ では上半平面上の半円，$t < 0$ では下半平面の半円を取る．$t \geq 0$ では

$$P(t) = \frac{\alpha_0 E_0}{2\pi}2\pi i\frac{1}{i\tau}e^{-t/\tau} = \frac{\alpha_0 E_0}{\tau}e^{-t/\tau} \quad (7.27)$$

となる．$t < 0$ では積分路が特異点を囲まないため $P(t) = 0$．

> ここで得た $P(t)$ は自動的に因果律を満たす．これは，例題17で確かめるように，問題で与えた分極率 $\alpha(\omega)$ の表式がクラマース-クローニッヒ関係式を満たしているためである．

例題16の発展問題

16-1. 例題16の場合について引き続き考える．電場を最初ゼロとし，時刻 $t=0$ で急に電場を $E=E_0$ としてその後一定値 E_0 に保つとする．すなわち $E(t) = E_0\theta(t)$ とする（$\theta(t)$ は階段関数）．そのときの分極 P の時間変化を以下の2通りで計算せよ．

(1) 例題16(3)より，$E(t) = \delta(t)$ というデルタ関数に対する応答は $P(t) = (\alpha_0/\tau)e^{-t/\tau}$ となる．ここから式 (7.12) を用いれば任意の外場に対する応答を求められる．これより，$E(t) = E_0\theta(t)$ に対する分極の時間変化を求めよ．

(2) $E(t) = E_0\theta(t)$ をフーリエ変換すると $E(\omega) = \frac{E_0}{i(\omega - i\delta)}$ となる．（δ は正の無限小．この δ は $E(\omega)$ から $E(t)$ を計算する際に，確かに $E(t) = E_0\theta(t)$ となるために必要な収束因子．）これより，$E(t) = E_0\theta(t)$ に対する分極の時間変化を求めよ．

例題 17　デバイ型緩和とコール-コールプロット

前節で，物質中で分極を生じる種々の機構について解説し，それらが時間的に振動する電場 $E \propto e^{i\omega t}$ に対してどのように応答するかを見た．この応答は，分極が時間的に振動する電場にどのくらい速く追随するか，すなわち分極の平衡値へと緩和していく振る舞い（誘電緩和）を表している．この誘電緩和はいくつかのパターンがあるが，ここでは最も典型的な緩和のパターンとしてデバイ型緩和を取り上げる．これは配向分極の場合に見られるパターンである．

仮に電場 E が時間的に一定値とすると，分極は $(\varepsilon - \varepsilon_0)E$ という値になる．なお $\varepsilon \equiv \varepsilon(\omega = 0)$ は，周波数ゼロでの誘電率である．ここで電場が時間変化するときを考える．デバイ型緩和では分極は，その緩和時間 τ（定数）程度の時間スケールで，その時刻での電場 $E(t)$ が与える分極の平衡値 $(\varepsilon - \varepsilon_0)E(t)$ に向かって，緩和すると考える．

$$\frac{d}{dt}P(t) = -\frac{P(t) - (\varepsilon - \varepsilon_0)E(t)}{\tau} \tag{7.28}$$

したがって，振動電場 $E = E_\omega e^{i\omega t}$ に対しては

$$P = \frac{\varepsilon - \varepsilon_0}{1 + i\omega\tau} E_\omega e^{i\omega t} \tag{7.29}$$

となるので，周波数 ω での誘電率は

$$\varepsilon(\omega) = \varepsilon_0 + \frac{\varepsilon - \varepsilon_0}{1 + i\omega\tau} \tag{7.30}$$

と書ける．$K(\omega) = \varepsilon(\omega) - \varepsilon_0$ とすると，この $K(\omega)$ は応答関数なので，因果律よりクラマース-クローニッヒ関係式 (7.19), (7.20) を満たすはずである．式 (7.19) が成立することを，直接計算して確かめよ．

考え方

公式の使い方さえわかれば単なる複素積分の計算問題であるが，主値積分の計算については忘れがちなので復習しておきたい．

‖解答‖　　　　　　　　　　　　　　　　　　‖ワンポイント解説‖

式 (7.30) を実部・虚部に分けると，$\varepsilon = \varepsilon' - i\varepsilon''$ で，

$$\varepsilon'(\omega) = \varepsilon_0 + \frac{\varepsilon - \varepsilon_0}{1 + (\omega\tau)^2}, \qquad (7.31)$$

$$\varepsilon''(\omega) = \frac{(\varepsilon - \varepsilon_0)\omega\tau}{1 + (\omega\tau)^2} \qquad (7.32)$$

となる．クラマース-クローニッヒ関係式 (7.19) で $K(\omega) = \varepsilon(\omega) - \varepsilon_0$ とするので，右辺は，

$$-\frac{1}{\pi} P \int_{-\infty}^{\infty} \frac{\varepsilon'(\omega') - \varepsilon_0}{\omega' - \omega} d\omega'$$
$$= -\frac{1}{\pi} P \int_{-\infty}^{\infty} \frac{\varepsilon - \varepsilon_0}{(1 + (\omega'\tau)^2)(\omega' - \omega)} d\omega' \qquad (7.33)$$

これを計算するのに図 7.3 のような積分路を取ると，この式は

$$-\frac{1}{\pi} \left(2\pi i \mathrm{Res}(\omega' = i/\tau) + \pi i \mathrm{Res}(\omega' = \omega) \right)$$
$$= -\frac{1}{\pi} \left(2\pi i \cdot \frac{\varepsilon - \varepsilon_0}{2i\tau(i/\tau - \omega)} + \pi i \frac{\varepsilon - \varepsilon_0}{1 + (\omega\tau)^2} \right) \qquad (7.34)$$

これは $\varepsilon''(\omega)$ に等しく，したがって式 (7.19) は満たされている．

周波数 ω の関数としてみると，$\omega = 0$ から $\omega = \infty$ と

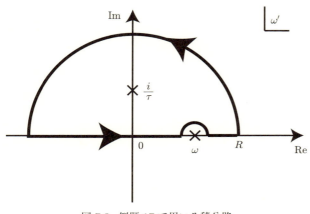

図 7.3: 例題 17 で用いる積分路

変えたとき，実部 ε' は ε から ε_0 へと減少し，虚部 ε'' は $\omega = \tau^{-1}$ で最大となる（図 7.4(a)）．

次に，式 (7.31)，(7.32) から ω を消去すると，

$$\left\{\varepsilon'(\omega) - \frac{1}{2}(\varepsilon + \varepsilon_0)\right\}^2 + \left\{\varepsilon''(\omega)\right\}^2 = \left\{\frac{1}{2}(\varepsilon - \varepsilon_0)\right\}^2 \tag{7.35}$$

となる．横軸 ε'，縦軸 ε'' として周波数を変えてプロットするときれいな半円に乗る（図 7.4(b)）．これをコール-コールプロットという．実際は物質中では複数の緩和機構があり，また緩和機構がデバイ型とは限らないため，実際の物質の誘電率をプロットすると1つの半円に乗らず，むしろこの半円を複数組み合わせたものに近い場合もある．

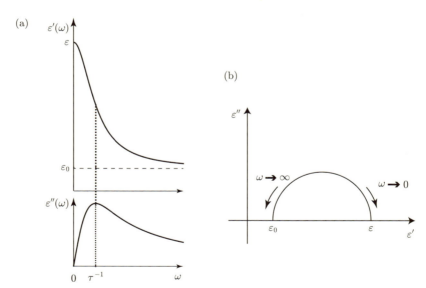

図 7.4: デバイ型緩和での (a) 誘電率の実部と虚部の周波数依存性と (b) コール-コールプロット．

例題 17 の発展問題

17-1. 例題 13(4) で与えた，電子分極による分極率の実部・虚部

$$\alpha' = \frac{\omega_0^2 - \omega^2}{(\omega_0^2 - \omega^2)^2 + \gamma^2 \omega^2} \frac{e^2}{m}, \quad \alpha'' = \frac{\gamma \omega}{(\omega_0^2 - \omega^2)^2 + \gamma^2 \omega^2} \frac{e^2}{m}$$

を考える．これは因果律を満たしていると期待されるが，実際に満たしていることを確かめよ（ヒント：クラマース・クローニッヒの関係 (7.19), (7.20) を確かめてもよいが面倒．この場合は他の方法でも確かめられる）．ただし $0 < \gamma$ とする．

8 磁性体

重要度 ★★★

―――《 内容のまとめ 》―――

磁気分極と磁化

　磁石にはN極とS極があり，N極のみやS極のみへと分離はできない．しかしこれを便宜的に，N極に「磁荷」$+q_m$，S極に「磁荷」$-q_m$があるような磁気双極子モーメントとみなすことができる（注意：実際の物質内には「磁荷」という実体は存在せず，むしろ電子などの荷電粒子のスピンや軌道運動が磁気双極子モーメントの起源であるが，磁荷という言葉を用いて説明したほうが電気と磁気との対応の点ではわかりやすいので，必要に応じてそのような形で説明する）．磁荷 q_m の単位はSI単位系で [Wb]（= [Vs]）である．q_m と q_m' の磁荷の間に働く力は，磁荷間の距離を r として，

$$F_m = \frac{1}{4\pi\mu_0} \frac{q_m q_m'}{r^2} \tag{8.1}$$

である．μ_0 は前に述べたように真空の透磁率（磁気定数）である．これを磁気のクーロンの法則と呼ぶ．電荷の場合と同様に，q_m と q_m' が同符号の場合は斥力，異符号の場合は引力である．なお q_m の磁荷は磁場 **H** 中では力

$$\mathbf{F}_m = q_m \mathbf{H} \tag{8.2}$$

を受ける．

　磁荷 $+q_m$ と $-q_m$ とが距離 l だけ離れているとき，磁気双極子モーメント $\mathbf{p}_m$ を

$$\mathbf{p}_m = q_m \mathbf{l} \tag{8.3}$$

で定義する．ただし **l** は，$-q_m$（S極）から $+q_m$（N極）へと向かうベクト

ルである．

　巨視的な物質を考えると，磁場をかけると磁気双極子モーメントを発現するものや，また磁場をかけなくても磁気双極子モーメントを持つものがある．これらを総称して**磁性体**と呼ぶ．磁性体においては，磁性体を構成する基本粒子である電子や原子核そのものがミクロなサイズの磁石となっている．そのためN極・S極を持つ磁石を半分に分割してもN極のみ，S極のみの磁石にはならず，それぞれがN極とS極を備えた磁石になる．

　電子や原子核はそれ自身でスピンと呼ばれる自転運動をしており，それによりそれ自身で磁気双極子モーメントとなっている．このスピンによる磁性は純粋に量子力学的な法則により支配されており，古典的な意味での電荷の自転運動とはかなり異なる．また電子は微視的な環状電流を形成することもあり，これも磁性に寄与する．

　このようなミクロなサイズの磁気双極子モーメントが集まって，マクロなサイズの磁性体ができている．磁性体を特徴づけるため，単位体積あたりの磁気双極子モーメントを**磁気分極** $\mathbf{P}_m$ と呼ぶ．

$$\mathbf{P}_m(\mathbf{r}) = \frac{1}{\Delta V} \sum \mathbf{p}_{m,i}. \tag{8.4}$$

磁気分極の単位は $\mathrm{Wb/m^2} = \mathrm{T}$ であり，磁束密度と同じである．しかし以下では磁気分極 $\mathbf{P}_m$ の代わりに，これを μ_0 で割った値

$$\mathbf{M} = \frac{1}{\mu_0} \mathbf{P}_m \tag{8.5}$$

を用いる．この $\mathbf{M}$ を**磁化**と呼ぶ．磁化の単位は磁場と同じく $[\mathrm{A/m}]$ である．

さまざまな磁性体

　外部磁場がゼロでも磁化を持つ物質を**強磁性体**と呼ぶ．一方，強磁性体以外の物質，すなわち外部磁場がないときには磁化を持たない物質を考えると，外部磁場が弱い場合には，磁化は

$$\mathbf{M} = \chi_m \mathbf{H} \tag{8.6}$$

と，近似的に磁場に比例する．なお後の例題でも注意するように，$\mathbf{H}$ は外部磁場ではなく，磁性体内部の磁場である．この比例係数 χ_m を**磁気感受率**もし

くは**磁化率**と呼ぶ．磁化率 χ_m は次元を持たない量であり，例えば室温ではアルミニウムで 2.1×10^{-5}，空気で 3.6×10^{-7} という小さな値を持つ．こうした $\chi_m > 0$ となる物質を**常磁性体**と呼ぶ．なお物質によっては磁気感受率 χ_m が負になるものがあり，こうした物質を**反磁性体**と呼ぶ．その一例として，例えば室温でビスマスは $\chi_m = -1.7 \times 10^{-4}$ という値を取る．また後述するように**超伝導体**では $\chi_m = -1$ となり，**完全反磁性体**と呼ばれる．

なお磁性体には他にも多様な可能性があり，例えば磁気モーメント（電子スピン）の向きが上下上下のように交互に整列して，全体の自発磁化は打ち消し合ってゼロになっている場合は**反強磁性体**と呼ばれる．他にもさまざまな種類の磁性体があるがここでは触れない．

分極磁荷と磁束密度

（誘電体での分極による分極電荷の場合と同様に考えると，）磁性体が磁化 $\mathbf{M}$（磁気分極 $\mathbf{P}_m = \mu_0 \mathbf{M}$）を持つとき，磁性体表面にはそれに従って**分極磁荷**が現れる．磁化に垂直な表面には $\pm P_m$ の面密度で分極磁荷が現れる．もっと一般の向きの表面では

$$\sigma_m = (\mathbf{P}_m)_n = \mu_0 (\mathbf{M})_n \tag{8.7}$$

の面密度で分極磁荷が現れる．ただし，添字 n は，面の法線ベクトルの向きの成分を表す．

もっと一般化すると，磁化が空間的に一様でない場合には，そこに（体積）密度で

$$\rho_m = -\nabla \cdot \mathbf{P}_m = -\mu_0 \nabla \cdot \mathbf{M} \tag{8.8}$$

の分極磁荷が現れる．単独の磁荷は存在しないので，磁場についてガウスの法則を適用すると，その右辺に出てくるのは分極磁荷のみである．

$$\mu_0 \nabla \cdot \mathbf{H} = \rho_m = -\nabla \cdot \mathbf{P}_m \tag{8.9}$$

したがって

$$\nabla \cdot (\mu_0 \mathbf{H} + \mathbf{P}_m) = 0 \tag{8.10}$$

すなわち

$$\nabla \cdot \mathbf{B} = 0, \quad \mathbf{B} \equiv \mu_0 \mathbf{H} + \mathbf{P}_m = \mu_0 \mathbf{H} + \mu_0 \mathbf{M} \tag{8.11}$$

となる．この $\mathbf{B}$ は**磁束密度**と呼ばれる．単位は $[\mathrm{Wb/m^2}]=[\mathrm{T}]$ である．真空中では $\mathbf{B} = \mu_0 \mathbf{H}$ であったが，物質中では $\mathbf{B} = \mu_0 \mathbf{H} + \mu_0 \mathbf{M}$ のように定義することでマクスウェル方程式は $\nabla \cdot \mathbf{B} = 0$ の形に表され，方程式の形は変わらない．また磁束密度 $\mathbf{B}$ は湧き出し・吸い込みを持たないが，磁場 $\mathbf{H}$ は分極磁荷において湧き出し・吸い込みを持つことに注意する（式 (8.9)）．

他のマクスウェル方程式であるが，物質中のマクスウェルの法則

$$\nabla \times \mathbf{H} = \mathbf{j} + \frac{\partial \mathbf{D}}{\partial t} \tag{8.12}$$

は変化しない．またファラデーの電磁誘導の法則

$$\nabla \times \mathbf{E} = -\mu_0 \frac{\partial \mathbf{H}}{\partial t} \tag{8.13}$$

は

$$\nabla \times \mathbf{E} = -\frac{\partial \mathbf{B}}{\partial t} \tag{8.14}$$

となる．分極磁荷の変化も電磁誘導を起こすと考えられるためである．

前述のように，常磁性体については $\mathbf{M} = \chi_m \mathbf{H}$ と与えられ，

$$\mathbf{B} = \mu_0 \mathbf{H} + \mu_0 \mathbf{M} = \mu_0 (1 + \chi_m) \mathbf{H} = \mu \mathbf{H} \tag{8.15}$$

と書ける．ここで $\mu = \mu_0 (1 + \chi_m) = \mu_0 \mu_s$ は**透磁率**であり，μ_s は**比透磁率**と呼ばれる．常磁性体や反磁性体（超伝導体を除く）では μ_s は 1 に非常に近いが，強磁性体では μ_s は非常に大きく，何千もの値となる．また超伝導体では $\chi_m = -1$ より，$\mu = 0$, $\mathbf{B} \equiv 0$ であり，超伝導体中には磁束密度はゼロである．

磁場のエネルギー

磁場 $\mathbf{H}$ の下で磁化を $\mathbf{M}$ から $\mathbf{M} + d\mathbf{M}$ に変化させるためには外部磁場は単位体積あたり $\mu_0 \mathbf{H} \cdot d\mathbf{M}$ の仕事をする．これにより磁性体のエネルギー密度の変化は

$$dE_M = \mu_0 \mathbf{H} \cdot d\mathbf{M} \tag{8.16}$$

である(ここでの過程が可逆的に行われると仮定した).これに加えて,磁場自身のエネルギー密度 $E_0 = \frac{1}{2}\mu_0 \mathbf{H} \cdot \mathbf{H}$ も考慮することにすると,その変化分は

$$dE_0 = \mu_0 \mathbf{H} \cdot d\mathbf{H} \tag{8.17}$$

したがって全体のエネルギー密度変化は次式のようになる.

$$dE = dE_M + dE_0 = \mathbf{H} \cdot d\mathbf{B} \tag{8.18}$$

特に常磁性体や反磁性体では $\mathbf{B} = \mu \mathbf{H}$ と表せるので次のようになる.

$$dE = \mu \mathbf{H} \cdot d\mathbf{H} \Rightarrow E = \frac{1}{2}\mu \mathbf{H} \cdot \mathbf{H} \tag{8.19}$$

界面での場の接続条件

2種の異なる媒質 1,2 の境界面での,磁場と磁束密度に関する接続条件を考える.これはちょうど,電場と電束密度に関する接続条件(例題 9)と同様の取り扱いで導くことができる.マクスウェル方程式の積分形

$$\int_{\partial V} \mathbf{B} \cdot d\mathbf{S} = 0, \tag{8.20}$$

$$\oint_{\partial S} \mathbf{H} \cdot d\mathbf{r} = I + \frac{\partial \Psi}{\partial t} \tag{8.21}$$

を考える.まず式 (8.20) を,境界をまたぐような小さい柱体に対して適用すると

$$B_{1,n} = B_{2,n} \tag{8.22}$$

となる.ただし添字 n は,境界面の法線ベクトル方向の成分を表す.また,式 (8.21) を,境界をまたぐような小さな閉曲線に適用すると

$$\mathbf{H}_{1,t} = \mathbf{H}_{2,t} \tag{8.23}$$

となる.添字 t は境界面の接線方向の成分を表す.なおここでは表面電流はゼ

ロとした．一方，もし表面電流がある場合はその分だけ磁場の接線方向成分が不連続性を持ち，

$$\mathbf{H}_{1,t} = \mathbf{H}_{2,t} + \mathbf{j} \times \mathbf{n} \tag{8.24}$$

ここで $\mathbf{n}$ は界面の単位法線ベクトルで，媒質2から1へ向かう向きとする．また $\mathbf{j}$ は界面に流れる電流密度（$\mathbf{j}$ に垂直な単位長さの線を通過する電流）である．このような場合は第12章で扱う超伝導において現れる．なお，$\mathbf{B}, \mathbf{H}$ についての境界条件は，それぞれ $\mathbf{D}, \mathbf{E}$ についての境界条件と類似している．

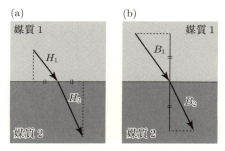

図8.1: (a) 磁場および (b) 磁束密度に関する，媒質同士の界面での境界条件．

例題 18　常磁性体の磁化と磁場

磁気感受率が χ_m である，平板状の常磁性体を考える．平板の底面は十分に大きく，厚さはそれに比べて無視できるとする．次の問いに答えよ．

(1) 図 8.2(a) のように，この平板の底面に平行な方向に大きさ H_e の磁場をかけた．このときの磁化の大きさ M を求めよ．

(2) 今度は図 8.2(b) のように，この平板の底面の法線方向に大きさ H_e の磁場をかけた．このときの磁化の大きさ M を求めよ．

(3) (1), (2) で求めた値は異なっているが，これは (2) の場合には平板の表面に誘導磁荷が出て，それが元の磁場 H_e とは逆向きの磁場 H'（反磁場）を作るためである．この場合 $H' = -LM$ と表したときの係数（反磁場係数）L を求めよ．

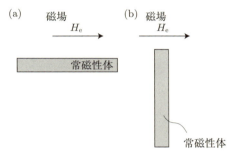

図 8.2: 外部磁場中の常磁性体平板．

考え方
平板の底面において場の接続条件を適用するが，(1), (2) で用いる接続条件が異なることに注意する．

解答

(1) 平板外では，平板の底面に沿う大きさ H_e の磁場があるため，平板内でも磁場 H_e．したがって $M = \chi_m H_e$．

(2) 平板外では，底面の法線方向に大きさ $\mu_0 H_e$ の磁束密度があるため，平板内でも磁束密度 $\mu_0 H_e$．平板

ワンポイント解説
・$\mathbf{M} = \chi_m \mathbf{H}$ で $\mathbf{H}$ は外部磁場ではなく平板内の磁場であることに注意する．

内での磁場を H,磁化を M として $\mu_0 H_e = \mu_0(H+M)$,$M = \chi_m H$.したがって $H = \frac{1}{1+\chi_m}H_e$,$M = \frac{\chi_m}{1+\chi_m}H_e$.

(3) (2) で反磁場 H' とおくと,物質中の磁場 $H = H' + H_e$ と表せるので,(2) の結果から $H' = H - H_e = -\frac{\chi_m}{1+\chi_m}H_e$.よって $H' = -LM$ と書くと反磁場係数は $L = 1$.なお (1) の場合は反磁場がゼロとなり,反磁場係数は 0 となる.反磁場係数は,以前扱った反電場係数と同様に,物質の形状や磁場の向きに依存して決まる係数である.例えば球の場合には $L = \frac{1}{3}$ となる.

例題 18 の発展問題

18-1. 磁気感受率が χ_m である平板状の常磁性体を考える.平板の底面は十分に大きく,厚さはそれに比べて無視できるとする.この平板を強さ H_e の外部一様磁場中に置く.平板の法線方向が外部一様磁場となす角を θ とおく.磁性体中の磁場の強さ H,および磁性体中の磁場と平板の法線とのなす角 ϕ を求めよ.

18-2. 比透磁率 μ_s の常磁性体の平板を考える.底面に比べて厚さは無視できるとする.磁場を加えて強さ M まで磁化させるとする.
 (1) 磁場が平板に平行な場合に必要な外部磁場の強さ H_e はいくらか.
 (2) 磁場が平板に垂直な場合に必要な外部磁場の強さ H_e はいくらか.

18-3. 図 8.3 のように透磁率 μ の常磁性体に平板状の細い隙間があり,隙間内は真空で,常磁性体内には,隙間に垂直に磁束密度 $\mathbf{B}$ の磁場があるとする.
 (1) 隙間内の磁場と磁束密度を求めよ.
 (2) 常磁性体内の磁化を求めよ.
 (3) 隙間に面した常磁性体表面 P 上に,単位面積あたりに分布している分極磁荷を求めよ.

100   8 磁性体

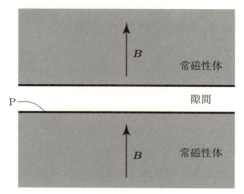

図 8.3: 発展問題 18-3：磁性体内外の磁場

重要度
★★★

9 強磁性体と磁化過程

―《 内容のまとめ 》―

強磁性体の磁化過程

　強磁性体においては，磁気双極子の間に，磁気モーメントをそろえようとする相互作用が働き，磁場がなくても全体として磁気モーメントがそろって磁化が発生する．これを**自発磁化**と呼ぶ．こうした磁気モーメントがそろった状態は，強磁性体の温度を上げると熱運動により次第に壊される．特にある温度（**キュリー温度**と呼ばれる）以上になると完全に壊されて，磁気モーメントの向きは完全にランダムになり磁化を失う．これをキュリー温度以下に下げても通常，磁化は生じない．

　こうした磁化がゼロの状態から徐々に磁場を加えていくと，磁化は図 9.1 のように変化する．ここで横軸は，外部磁場ではなく，強磁性体内部の磁場である．磁化 M は磁場 H とともに増加するが，磁気モーメントが完全にそろった状態に達するとそこで飽和する (A)．この磁化の値を**飽和磁化** M_s と呼ぶ．この状態から逆に磁場を減少させると，磁化 M は元の経路をたどらずに減少し，磁場がゼロでも有限の値を持つ (B)．この値を**残留磁化** M_r と呼ぶ．さらに磁場を変化させ，先ほどと逆符号に増やすとあるところ (C) で磁化がゼロになる．ここでの磁場の値を**保磁力** H_c と呼ぶ．さらに磁場を変化させていくと，先ほどと逆向きに磁化が飽和する (D)．またここで磁場の変化の向きを逆転させると，E, F と経て A に達する．このように磁化 M は磁場 H の一価関数でなく，そこにいたる履歴に依存する．こうした現象を**ヒステリシス（履歴現象）**と呼ぶ．ここで挙げた保磁力が大きい強磁性体では，外部磁場がゼロでも大きな磁化を保っている．こうした物質を**磁石**と呼ぶ．

　このようなヒステリシスが起こる原因は，磁気モーメントが磁場に即座に追

102   9 強磁性体と磁化過程

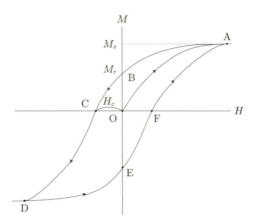

図 9.1: 強磁性体のヒステリシス.

随できない，言い換えると磁気モーメントの運動に摩擦があるためである．強磁性体中では磁気モーメントは，ある領域内では完全にそろっているが，別の領域ではまたそれと異なる向きに完全にそろっているというように，領域ごとに異なる向きを向いている．このような領域を**磁区**と呼ぶ．また磁区の間の壁を**磁壁**と呼ぶ．磁場を増加させていくときの磁区の振る舞いを模式的に図 9.2 に示した．磁化が磁場の向きとそろったほうがエネルギーが低いため，磁場を増加させていくと磁場の向きと同一の磁化方向を持つ磁区が拡大していき，磁壁が移動する．やがて飽和磁化に達すると，強磁性体全体が 1 つの磁区となる．こうした磁区の運動には摩擦があるため，ある磁場の値での磁化の値は，それまでの系の変化の仕方に依存し，ヒステリシスが生じる．

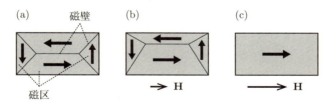

図 9.2: 強磁性体の磁区.

強磁性体の場合はヒステリシスがあるため，M は H の一価関数としては表されない．そのため，式 (8.19) のような式を（ミクロな磁化機構の考察なしに）求めることはできない．この場合は磁化過程が可逆変化でなく，熱散

逸を伴うことを示唆している．実際例えばヒステリシス曲線を一周（図 9.1 の A-B-C-D-E-F-A）するときには，外部磁場から磁性体が受けた仕事 W は

$$W = \oint \mu_0 \mathbf{H} \cdot d\mathbf{M} \tag{9.1}$$

であり，一方，初期状態と終状態が同じなので内部エネルギー変化はゼロなので，この仕事はすべて熱に変わる．すなわち，ヒステリシス曲線一周での発熱量 Q は

$$Q = \oint \mu_0 \mathbf{H} \cdot d\mathbf{M} \tag{9.2}$$

で，これはヒステリシス曲線の囲む面積の μ_0 倍に等しい．この発熱をヒステリシス損または鉄損という．

例題 19 平板磁石

底面に比べて高さが無視できるほど小さい平板の磁石があり，自発磁化の大きさを M とする．例えばゼロ磁場で次の 2 つの場合を考えよう．

(1) 自発磁気分極が平板に垂直のとき，磁石の中での磁束密度と磁場を求めよ．

(2) 自発磁気分極が平板に平行のとき，磁石の中での磁束密度と磁場を求めよ．

(3) 一般に，外部磁場を $\mathbf{H}_0$ としたとき，磁性体中の磁場 $\mathbf{H}$ は

$$\mathbf{H} = \mathbf{H}_0 - L\mathbf{M} \tag{9.3}$$

と書ける．L は反磁場係数である．例えば平板磁石で，(i) 自発磁気分極が平板に垂直のとき，(ii) 自発磁気分極が平板に平行のときのそれぞれについて，反磁場係数 L を求めよ．

考え方

磁化曲線での磁場の値は磁性体内部の磁場の値であって，外部磁場の値とは必ずしも一致しないことに気をつける．

‖解答‖

(1) 平板の両面ではそれぞれ $\pm\mu_0 M$ の面密度で磁荷が分布しており，電場の場合の平行平板コンデンサと類似の分布となっている．したがって平板磁石の外では $\mathbf{B} = 0$, $\mathbf{H} = 0$ となっていて，式 (8.22) より，磁石の中でも $\mathbf{B} = 0$ が成り立つ．そのため磁石の中では $B = \mu_0(H+M) = 0$ なので，$H = -M$ となり，磁石の内部では磁場 $\mathbf{H}$ は磁化 $\mathbf{M}$ と逆向き，つまり磁化 $\mathbf{M}$ を打ち消す向きに働いている．

(2) (1) と同様，磁石の外側では $\mathbf{B} = 0$, $\mathbf{H} = 0$ となっていて，式 (8.23) より，磁石の中でも $\mathbf{H} = 0$ が成立する．そのため $\mathbf{B} = \mu_0 \mathbf{M}$ となる．

(3) 平板磁石で $\mathbf{H}_0 = 0$ である．(i) 自発磁気分極が平板

ワンポイント解説

・この場合には，ヒステリシス曲線と，直線 $H = -M$ との交点を求めると，自発磁化の値が定まる．

に垂直のときは $L = 1$, (ii) 自発磁気分極が平板に平行のときは $L = 0$ である．

別の例として，棒状の磁石の内側と外側での磁場 $\mathbf{H}$ と磁束密度 $\mathbf{B}$ の分布は模式的に書くと図 9.3 のようになる．真空中では磁場と磁束密度とは比例するため分布が同様であるが，磁石の内部では向きも逆になっていることに注意せよ．また磁束密度は $\nabla \cdot \mathbf{B} = 0$ を満たすので湧き出しや吸い込みが存在しないことと，磁場は磁石の N 極・S 極（分極磁荷）でそれぞれわき出し・吸いこみとなることにも注意する．

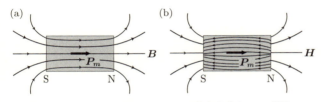

図 9.3: 磁石の内側と外側での (a) 磁束密度と (b) 磁場の分布の模式図．

例題 19 の発展問題

19-1. 外部磁場がない状況で一様な磁化 $\mathbf{M} = (0, 0, M)$ を持っている球形の強磁性体を考える．この球の内部での磁場 $\mathbf{H}$ および磁束密度 $\mathbf{B}$ を求めよ．なお，球の場合の反磁場係数 L は $\frac{1}{3}$ であることを用いてよい．

例題20 強磁性体のヒステリシス

ある方向にのみ磁化することのできる強磁性体がある．この方向を磁化容易軸と呼ぶことにする．この磁化容易軸方向を z 軸に取ると，強磁性内部の磁場 H_z に対する磁化 M_z の値を示す磁化曲線は図9.4(a) のようになっているとする．以下の問いに答えよ．

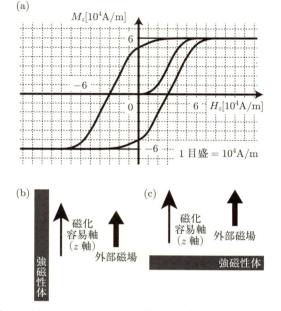

図 9.4: (a) ヒステリシス，(b) 問 (1) で考える磁場方向，(c) 問 (2) で考える磁場方向

(1) この磁性体を，図9.4(b) のように，磁化容易軸が底面に平行で，底面に比べ厚さが十分薄い平板状にした．最初，試料は磁化していないものとする．

(i) 磁化容易軸（z 軸）の方向に $+12 \times 10^4$ A/m の磁場を加えたところ，磁化が飽和した．このときの磁化 M_z と，磁性体内での磁場 H_z を求めよ．

(ii) 次に外部磁場を弱め $+3 \times 10^4$ A/m としたときの磁化 M_z と，磁性体内の磁場 H_z を求めよ．

(iii) 次に外部磁場を弱めゼロとしたときの磁化 M_z と，磁性体内の磁場

H_z を求めよ．

(iv) 次に外部磁場を $-z$ の向きに加えていき，磁化がゼロになるときの外部磁場 H_z^{ext} を求めよ．

(2) この磁性体を，図 9.4(c) のように，磁化容易軸が底面に垂直で，底面に比べ厚さが十分薄い平板状にした．最初，試料は磁化していないものとする．

(i) 磁化容易軸（z 軸）の方向に $+12 \times 10^4$ A/m の磁場を加えたところ，磁化が飽和した．このときの磁化 M_z と，磁性体内での磁場 H_z を求めよ．

(ii) 次に外部磁場を弱め $+3 \times 10^4$ A/m としたときの磁化 M_z と，磁性体内の磁場 H_z を求めよ．

(iii) 次に外部磁場を弱めゼロとしたときの磁化 M_z と，磁性体内の磁場 H_z を求めよ．

(iv) 次に外部磁場を $-z$ の向きに加えていき，磁化がゼロになるときの外部磁場 H_z^{ext} を求めよ．

考え方

(1) の配置では平板に沿った方向の磁場は，平板内外で等しい．また (2) の場合は磁束密度が平板内外で等しい．またヒステリシス曲線については，磁場変化の際にまわる向きが決まっていることも注意する．すなわち磁壁移動に伴う摩擦のため，磁化の変化は常に磁場変化より遅れる形になるので，図では左回りに曲線をまわる格好になる．

解答

(1) (i) 磁性体内部と外部の磁場は等しく，$H_z = +12 \times 10^4$ A/m. 図 9.4(a) で $H_z = +12 \times 10^4$ A/m のところを見ると $M_z = +6 \times 10^4$ A/m.

(ii) (i) と同様に $H_z = +3 \times 10^4$ A/m, $M_z = +6 \times 10^4$ A/m.

(iii) (i) と同様に $H_z = 0$ A/m, $M_z = +5 \times 10^4$ A/m.

(iv) 磁化 $M_z = 0$ として $H_z^{\mathrm{ext}} = H_z = -3 \times 10^4$ A/m.

ワンポイント解説

(2) (i) 外部での磁束密度は $\mu_0 \cdot (+12 \times 10^4 \text{ A/m})$. また内部での磁束密度は $\mu_0(H_z + M_z)$ となる. したがって $H_z + M_z = +12 \times 10^4 \text{ A/m}$ となる. これは図 9.4(a) で直線を表し, その直線と該当する磁化曲線 (原点から伸びている曲線) の交点を求めると, $H_z = +6 \times 10^4 \text{ A/m}$, $M_z = +6 \times 10^4 \text{ A/m}$ (確かに磁化は飽和している).

(ii) $H_z + M_z = +3 \times 10^4 \text{ A/m}$ と磁化曲線との交点を求めると, $H_z = -1 \times 10^4 \text{ A/m}$, $M_z = +4 \times 10^4 \text{ A/m}$

(iii) $H_z + M_z = 0$ と磁化曲線との交点から $H_z = -2 \times 10^4 \text{ A/m}$, $M_z = +2 \times 10^4 \text{ A/m}$

(iv) $M_z = 0$ とすると $H_z = -3 \times 10^4 \text{ A/m}$, このときの磁束密度は $\mu_0(H_z + M_z) = \mu_0 \cdot (-3) \times 10^4 \text{ A/m}$ であり, これは外部磁場 H_z^{ext} による磁束密度 $\mu_0 H_z^{\text{ext}}$ に等しい. つまり $H_z^{\text{ext}} = -3 \times 10^4 \text{ A/m}$.

・ヒステリシスの性質より, 今回はヒステリシス曲線で最も上にある曲線を考える

例題 20 の発展問題

20-1. 図 9.5(a) の形のヒステリシスを示す強磁性体がある．この強磁性体を，底面積が広く，厚さが底面の大きさに比べ無視できるような薄い平板状にした．

(1) 図 9.5(b) 左図のように，強磁性体平板が最初，底面に平行な方向に $-M_0$ の磁化を持っているとする．外部磁場 H_{ext} を加えてその磁化を反転させて M_0 とするために必要な外部磁場の大きさ H_{ext} を求めよ．

(2) 今度は図 9.5(c) 左図のように，強磁性体平板が最初，底面に垂直な方向に $-M_0$ の磁化を持っているとする．外部磁場 H'_{ext} を加えその磁化を反転させて M_0 とするために必要な外部磁場の大きさ H'_{ext} を求めよ．

(3) (1)，(2) で求めた値は異なっている．これをそれぞれの場合の反磁場の有無に言及しながら，定性的に述べよ．

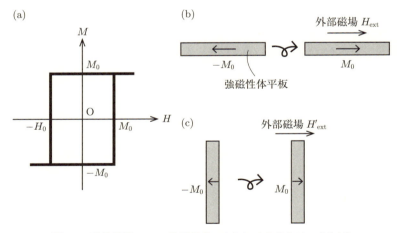

図 9.5: 発展問題 20-1：強磁性体．(a) ヒステリシス，(b) (1) での配置，(c) (2) での配置．

重要度
★★

10 さまざまな磁性体と磁化の発現機構

―《 内容のまとめ 》―

磁化電流と磁気双極子モーメント

　磁気双極子モーメントを以前は，磁荷 $\pm q_m$ が互いに距離 l だけ離れたものとして定義した．しかし前にも述べたように磁荷は単独では存在しない．この点を補うために，磁荷による磁気双極子モーメントの描像と等価な見方として，環状電流によって磁気双極子モーメントを記述する方法があり，以下にそれを述べる．

　簡単な場合として，原点に磁気双極子モーメント $\mathbf{p}_m$ があるとして，これが $+z$ 方向を向いているとする．原点から遠く離れた点 $\mathbf{r} = (x,y,z)$ での磁束密度 $\mathbf{B}(\mathbf{r})$ は

$$\mathbf{B}(\mathbf{r}) = \frac{p_m}{4\pi}\frac{1}{r^5}(3xz, 3yz, 3z^2 - r^2) \tag{10.1}$$

と表される（これは磁荷による描像から直接計算して得られる）．

　これとは別の設定として，原点を中心とする xy 面内の円上を流れる環状電流があるとする．ただし円の半径 a は小さいとし，電流値を I，電流の向きは xy 面内正の向き（反時計回り）とする．このとき原点から遠く離れた点 $\mathbf{r} = (x,y,z)$ ($|\mathbf{r}| \gg a$) での磁束密度 $\mathbf{B}(\mathbf{r})$ は，ビオ・サバールの法則を用いて計算できて

$$\mathbf{B}(\mathbf{r}) = \frac{\mu_0 I \pi a^2}{4\pi}\frac{1}{r^5}(3xz, 3yz, 3z^2 - r^2) \tag{10.2}$$

と計算される．これは $p_m = \mu_0 I \pi a^2$ とおけば，式 (10.1) と同じになる．この

ような磁気双極子と環状電流による磁場の等価性はもっと一般的に示すことができて，小さな面積 S を囲む環状電流（電流 I）の作る磁場は，その電流の流れる面に垂直で大きさが

$$p_m = \mu_0 I S \tag{10.3}$$

の磁気双極子モーメントの作る磁場と等価になる．

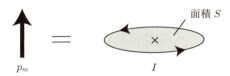

図 10.1: 磁気双極子モーメントと磁化電流の等価性（$p_m = \mu_0 I S$）．

このように環状電流の分布が磁気双極子モーメントを生み出すが，逆に磁気双極子モーメントは環状電流によるものとみなせて，実は環状電流と磁化とは等価な物理的実体を表しているといってよい．磁化 $\mathbf{M}$ が分布していると，それに対応する電流分布 $\mathbf{j}_m$ は

$$\mathbf{j}_m = \nabla \times \mathbf{M} \tag{10.4}$$

と書かれる．このように磁化を生み出す環状電流を**磁化電流**と呼ぶ．これは例えば図 10.2 のような図からわかる．系を $\Delta x \cdot \Delta y \cdot \Delta z$ の微小体積の直方体に分けるとき，z 方向の磁気双極子モーメントは $M_z \Delta x \Delta y \Delta z$ であるが，これはこの直方体をまわる $M_z \Delta x \Delta y \Delta z /(\Delta x \Delta y) = M_z \Delta z$ の磁化電流によると考えることができる．もし磁化が空間的に一様ならこの電流は隣り合う直方体同士でキャンセルしあう．そこで今度は磁化が空間的に変化する場合を考えよう．例えば x 座標に依存するとすると，図のように x 軸方向に隣り合った直方体では環状の磁化電流が異なり，その差から y 方向に

$$M_z(x)\Delta z - M_z(x+\Delta x)\Delta z \sim -\frac{\partial M_z}{\partial x}\Delta x \Delta z \tag{10.5}$$

の電流が流れる．したがって，これを電流密度に直すためにこの直方体の y 軸に垂直な面の面積 $\Delta x \Delta z$ で割れば，y 軸方向の電流密度 j_y は，

$$j_y = -\frac{\partial M_z}{\partial x} \tag{10.6}$$

となる．こうした寄与をすべての方向について足し合わせると式 (10.4) となる．

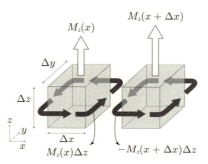

図 10.2: 磁気双極子モーメントと磁化電流の等価性．
式 (10.4) の説明．

このように任意の磁化分布は，それと等価な磁化電流分布で置き換えて考えることができる．物質内にはいくつかの磁化機構があり，基本的には量子力学的な機構に基づくものであるので，ここでは，詳細にはあまり立ち入らずに，それらの磁化機構について簡単に述べるにとどめる．

軌道電子の反磁性

電子は原子核の周りを回っている．単純化するため，電荷 $-e$，質量 m の電子が電荷 $+e$ の原子核の周りを，xy 面内で円運動をしていると仮定する（実際は量子力学的な運動であって厳密には正しくなく，また固体中ではその軌道運動は変更を受けるが，そうした効果はここでは考えない）．こうした単純化した仮定の下で，反磁性が発現することをみてみよう．この円運動の半径 r，角振動数 ω_0 として，

$$\frac{e^2}{4\pi\varepsilon_0 r^2} = mr\omega_0^2 \tag{10.7}$$

である．この運動による電流は $-e\frac{\omega_0}{2\pi}$ であり，面積は πr^2 であるので，磁気双極子モーメント p_m は

10 さまざまな磁性体と磁化の発現機構

$$p_m = -\frac{\mu_0 e \omega_0 r^2}{2} \tag{10.8}$$

を持つ．ここに z 方向に磁場 **H** が加わるとき，半径は r のまま周波数が $\omega_0 + \omega_L$ となったとする．ローレンツ力により力のつりあいの式は

$$\frac{e^2}{4\pi\varepsilon_0 r^2} + er\mu_0(\omega_0 + \omega_L)H = mr(\omega_0 + \omega_L)^2 \tag{10.9}$$

となる．式 (10.9)–(10.7) を作り，磁場 **H** が小さいとして近似して，

$$er\mu_0 H \omega_0 = 2mr\omega_0 \omega_L \;\Rightarrow\; \omega_L = \frac{e\mu_0}{2m}H = \frac{\mu_B \mu_0 H}{\hbar} \tag{10.10}$$

となる（$\mu_B \equiv e\hbar/(2m)$ はボーア磁子）．この ω_L をラーモア周波数と呼ぶ．これによる磁気双極子モーメントの変化は

$$\Delta p_m = -\frac{\mu_0 e \omega_L r^2}{2} = -\frac{\mu_0^2 e^2 r^2}{4m} H \tag{10.11}$$

となり，磁場 **H** と逆向きに双極子モーメントを生じる．すなわち反磁性を示す．こうした軌道反磁性は物質の種類に関係なくいつも存在する．

上では電子の円運動の軌道を含む面が磁場と垂直であることを仮定したが，一般にはそうとは限らない．多数の電子を持つ原子の場合に上記の結果を拡張するため，上の結果の寄与をすべての電子について加え合わせることにする．i 番目の電子の座標を (x_i, y_i, z_i) として，z 軸方向の磁気双極子モーメントの変化は

$$\Delta p_m = -\frac{\mu_0^2 e^2 H}{4m} \sum_i (x_i^2 + y_i^2) \tag{10.12}$$

となる．平均としては

$$\langle x_i^2 \rangle = \langle y_i^2 \rangle = \langle z_i^2 \rangle = \frac{1}{3}\langle r_i^2 \rangle \tag{10.13}$$

となる．ただし $\langle r_i^2 \rangle$ は i 番目の電子の電子軌道半径の 2 乗平均を表す．そのため，単位体積あたり原子数を N，電子軌道半径の 2 乗平均を $\langle r^2 \rangle$ として，磁気分極 P_m は

$$P_m = -\frac{\mu_0^2 e^2 H}{6m} N \langle r^2 \rangle \tag{10.14}$$

磁化率 χ_m は

$$\chi_m = -\frac{\mu_0 e^2}{6m} N \langle r^2 \rangle \tag{10.15}$$

となる．この値は典型的には -10^{-6} 程度の大きさで非常に小さい．例えば前述のように，ビスマスでは室温で $\chi_m \sim -1.7 \times 10^{-4}$ となり，こうした物質では伝導電子の軌道運動が主要な寄与をしていることが知られている．なお巨大な反磁性を示すものとして超伝導体があり，そこでは $\chi_m = -1$ となるが，この機構は上で挙げたものとはまったく異なる．

なお，もし電子の回転運動の軸が磁場と平行でない場合には，この回転運動の軸が周波数 ω_L で歳差運動をすることになる．角運動量 l は磁気双極子モーメント $\boldsymbol{\mu}$ と比例関係にあり，

$$\boldsymbol{\mu} = \mu_0 \gamma \mathbf{l} \tag{10.16}$$

と書ける．この $\gamma \, (= \frac{e}{2m})$ を磁気回転比という．これが磁場 H の中で受けるトルクは $\boldsymbol{\mu} \times \mathbf{H}$ なので，

$$\frac{d\mathbf{l}}{dt} = \boldsymbol{\mu} \times \mathbf{H} \tag{10.17}$$

より

$$\frac{d\boldsymbol{\mu}}{dt} = \mu_0 \gamma \boldsymbol{\mu} \times \mathbf{H} \tag{10.18}$$

となる．H が z 方向として，$\frac{d\mu_x}{dt} = \mu_0 \gamma H \mu_y$，$\frac{d\mu_y}{dt} = -\mu_0 \gamma H \mu_x$．したがって

$$\mu_x = C\cos(\omega_L t + \phi), \; \mu_y = -C\sin(\omega_L t + \phi), \; \mu_z = \text{const.} \tag{10.19}$$

となる．$\omega_L \, (= \mu_0 \gamma H)$ は前に定義したラーモア周波数である．すなわち磁場に垂直な面内（xy 面内）で歳差運動をして，磁場に平行方向（z 軸方向）は一定値となる．$\mu_z \, (\propto l_z)$ が一定になるのは，軌道角運動量保存のためである．

原子の常磁性

原子の中の電子はスピンや軌道運動に起因した磁気双極子モーメントを持つ．これらは磁場の下で配向する．前述のようにこれらは量子力学的な取り扱

いが必要であるが，局在したスピンの場合には近似的に古典論で扱ってもある程度正しい結果を与える．これを以下に考えてみよう．

これは例題 14 で扱った，電気双極子が電場の下で配向するという配向分極の場合と同様に扱うことができる．1 個あたり磁気双極子モーメントの値を $\boldsymbol{\mu}$ とすると，磁場 $\mathbf{H}$ の下ではエネルギー $-\boldsymbol{\mu}\cdot\mathbf{H}$ を持つ．$\boldsymbol{\mu}$ が自由に回転できると仮定して，例題 14 の取り扱いと同様に

$$\langle \mu \rangle = \mu L\left(\frac{\mu H}{k_B T}\right) \sim \frac{\mu^2 H}{3k_B T} \tag{10.20}$$

ただし，$L(x)$ はランジュバン関数である．したがって，単位体積あたりの原子数を N として，

$$M = \frac{\mu^2 N}{3k_B T \mu_0} H \tag{10.21}$$

よって磁気感受率 χ_m は

$$\chi_m = \frac{\mu^2 N}{3k_B T \mu_0} \tag{10.22}$$

となり，常磁性を示す（なお，より詳しく述べると，量子論的な効果により磁気双極子モーメントの z 成分は $\mu = -g\mu_B \mu_0 J$（J:整数）という離散的な値をとる．g は g 因子と呼ばれる定数，$\mu_B = e\hbar/(2m)$ はボーア磁子．そのときは，量子性を考慮した計算をすると $\chi_m = \frac{g^2 \mu_B^2 J(J+1) N \mu_0}{3k_B T}$ となり上の結果から少しずれる）．常磁性体でよく見られるように磁気感受率が $1/T$ に比例する形

$$\chi_m = \frac{C}{T} \tag{10.23}$$

に表されるとき，これをキュリーの法則といい，C をキュリー定数という．

伝導電子の常磁性磁化率（パウリ常磁性）

伝導電子については上に述べたキュリーの法則 (10.23) はあまり良く合わない．通常の金属の磁化率はほぼ温度によらず，キュリーの法則のようにはなっていない．これが統計力学で学ぶフェルミ-ディラック統計によるものであることを示したのがパウリであり，そのため以下に述べるような原因で起こる常磁性を**パウリ常磁性**という．

ここではその理論に深く立ち入ることはせず，大まかにその原因を述べる

にとどめる．フェルミ粒子である電子はフェルミ-ディラック統計に従うので，同一量子状態を複数の粒子が占めることはできない（パウリの排他律）．そのため，すべての電子スピンを磁場の方向にむけてそろえようとすると，パウリの排他律から，非常に高いエネルギーの量子状態にも電子を収容しなければならず，エネルギー的に損である．結果として，磁場が加わった際に応答に参加できる電子は全体のごく一部となる．磁場ゼロのときに，伝導電子が，$E = 0$ から $E = E_F$（フェルミエネルギー）までの量子状態を占めているとすると，磁場 H をかけてもたかだか $E_F - \mu_B H$ から $E_F + \mu_B H$ の狭い範囲のエネルギー幅の電子のみが磁場によって偏極する（例えば，μ_B の磁気モーメントが 1T の磁場中にあるときの，1個のスピンあたりの磁場によるエネルギーは $\mu_B \mu_0 H \sim 0.7$ K，また E_F は 10^4 K 程度．つまり $\mu_B H \ll E_F$ である）．自由電子模型を用いた詳しい計算によると

$$M = \frac{3\mu_B \mu_0 H}{2E_F}\mu_B N \tag{10.24}$$

となり，

$$\chi_m = \frac{3N\mu_B^2 \mu_0}{2E_F} \tag{10.25}$$

で温度に依存しない．

強磁性

前の常磁性の項で扱ったように，磁気双極子モーメントが独立に磁場によって配向するとすると，磁場がゼロのときには磁化がゼロになる．そのため強磁性の自発磁化を説明するためには，磁気双極子間の相互作用を考える必要がある．本章の例題 21, 22 でこのような効果を考えよう．

例題 21　強磁性体の平均場理論 - 1

　強磁性の自発磁化を説明するためには，磁気双極子間の相互作用を考える必要があり，つまり「局所場」を考えることになる．磁性体の局所場 H_{local} を，外部磁場 H と磁化 M との線形結合とで

$$H_{\text{local}} = H + \lambda M \tag{10.26}$$

と書くことにする．λ は定数であり，磁気双極子間の相互作用を表す．すると，双極子モーメントの大きさが μ の磁気双極子が自由に回転できるとすると，磁気双極子モーメントの平均値は

$$\langle \mu \rangle = \mu L\left(\frac{\mu H_{\text{local}}}{k_B T}\right) \tag{10.27}$$

したがって磁化は

$$M = \frac{N\mu}{\mu_0} L\left(\frac{\mu(H + \lambda M)}{k_B T}\right) \tag{10.28}$$

という方程式の解となる．ただし $L(x) = \coth x - \frac{1}{x}$ はランジュバン関数で，$|x| \ll 1$ のとき $L(x) \sim x/3$ と近似できる．また N は単位体積あたりの磁気双極子の個数，k_B はボルツマン定数，T は温度とする．

(1) 外部磁場ゼロ $H = 0$ の場合を考えることで，どの温度領域でどのような磁性を示すか述べよ．
(2) この模型が常磁性を示す温度領域で，磁気感受率はどのような温度依存性を示すか．

考え方

　強磁性体と常磁性体の区別は，磁場ゼロのときに磁化があるかないかであるので，(1) では最初に $H = 0$ とおく必要があることに注意する．なおここで紹介した話は，強磁性の平均場理論と呼ばれる理論の最も簡単な場合である．

解答

(1) 特に外部磁場ゼロ $H=0$ の場合を考えると

$$M = \frac{N\mu}{\mu_0} L\left(\frac{\lambda \mu M}{k_B T}\right) \tag{10.29}$$

これが解を持つ条件を考えると，ランジュバン関数のグラフ（図 6.4）での原点付近の傾きが $1/3$ なので，$T_c = \frac{N\mu^2 \lambda}{3\mu_0 k_B}$ とおくと，$\frac{N\mu^2 \lambda}{3\mu_0 k_B T} > 1 \leftrightarrow T < T_c$ なら $M \neq 0$ の解がある．そのため強磁性．
$\frac{N\mu^2 \lambda}{3\mu_0 k_B T} < 1 \leftrightarrow T > T_c$ なら $M = 0$ となる．そのため常磁性．

まとめると，キュリー温度は T_c で，それより低温の場合のみ自発磁化が存在することがいえる．さらにここで得られた方程式を用いると，自発磁化の値は T が T_c に近づくにつれ減少し，$T = T_c$ でゼロになることもわかる．

(2) $T > T_c$ では自発磁化はゼロで，磁場 H を加えて初めて磁化が出る．H, M とも小さいとして式 (10.28) を展開し

$$M = \frac{N\mu}{3\mu_0} \cdot \frac{\mu(H + \lambda M)}{k_B T} \tag{10.30}$$

よって

$$\chi_m = \frac{M}{H} = \frac{(N\mu^2)/(3\mu_0 k_B T)}{1 - (N\lambda \mu^2)/(3\mu_0 k_B T)} = \frac{C}{T - T_c} \tag{10.31}$$

ただし，$C = \frac{N\mu^2}{3\mu_0 k_B}$．したがって磁気感受率は，$T_c$ に向けて発散する．この形の磁気感受率をキュリー・ワイスの法則と呼び，$T < T_c$ で強磁性を示すような場合に広く成立する法則である．この系での磁化 M と磁気感受率 χ_m の温度依存性は図 10.3 のようになる．

ワンポイント解説

・磁気感受率の $T = T_c$ に向けての発散は，強磁性へと向かう不安定性の兆候であるといってよい．

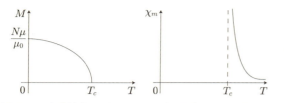

図 10.3: 強磁性体の磁化 M と磁気感受率 χ_m の温度依存性.

例題 21 の発展問題

21-1. 例題 21 において,温度 T が T_c より少し低温側のとき,自発磁化 M はほぼ $(T_c - T)^\beta$ に比例する.この β を求めよ.なおランジュバン関数 $L(x)$ が,$|x|$ の小さいときには $L(x) \sim \frac{x}{3} - \frac{x^3}{45}$ と近似されることを用いてよい.

例題 22　強磁性体の平均場理論 - 2

スピン $\frac{1}{2}$ を持つイオンが単位体積あたり N 個ある強磁性体を考える．それぞれのスピンが $H + \lambda M$（λ：定数）の局所場を感じるとする．すると外部磁場 H の下では，磁気双極子モーメント $+\mu$ の状態と $-\mu$ の状態とがそれぞれエネルギー $-\mu(H + \lambda M)$, $\mu(H + \lambda M)$ を持つ．次の問いに答えよ．

(1) 温度 T での磁気双極子モーメントの平均値 $\langle \mu \rangle$ を求めよ．ボルツマン定数を k_B とする．

(2) 磁化 M は $M = \frac{N}{\mu_0}\langle \mu \rangle$ と書ける．(1) の結果と組み合わせて，温度 T でこの物質がどのような磁性を示すか計算せよ．

考え方

例題 21 と同様に，強磁性体の平均場理論の話である．統計力学のカノニカル分布の考え方を用いており，エネルギーが E の状態の実現確率は $e^{-E/(k_B T)}$ に比例する．

解答

(1) 磁気双極子モーメント $+\mu$, $-\mu$ の状態の実現確率はそれぞれ $e^{\beta\mu(H+\lambda M)}$, $e^{-\beta\mu(H+\lambda M)}$ に比例する．ただし $\beta \equiv 1/(k_B T)$ である．したがって磁気双極子モーメントの平均値は

$$\langle \mu \rangle = \frac{\mu e^{\beta\mu(H+\lambda M)} - \mu e^{-\beta\mu(H+\lambda M)}}{e^{\beta\mu(H+\lambda M)} + e^{-\beta\mu(H+\lambda M)}}$$
$$= \mu \tanh(\beta\mu(H + \lambda M)).$$

(2) $M = \frac{N}{\mu_0}\langle \mu \rangle$ を (1) の結果と組み合わせると

$$M = \frac{N\mu}{\mu_0} \tanh(\beta\mu(H + \lambda M)) \qquad (10.32)$$

ここで磁場 H をゼロにしたときに磁化 M が出るかどうかを考察する．

ワンポイント解説

$$\frac{\mu_0}{N\mu} M = \tanh(\beta\mu\lambda M) \tag{10.33}$$

ここで右辺のグラフは図 10.4 のようになる．また左辺は M の関数として，原点を通る直線となる．右辺の原点での傾きは $\beta\mu\lambda$ であるため，もし (a) $\beta\mu\lambda > \frac{\mu_0}{N\mu}$, すなわち $\frac{N\mu^2\lambda}{k_B\mu_0} > T$ であれば，両辺のグラフは $M \neq 0$ に交点を持つため，外部磁場がゼロでも自発磁化を持つ．つまり，$T_c \equiv \frac{N\mu^2\lambda}{k_B\mu_0}$ として，$T < T_c$ ならこれは強磁性体．一方，(b) $\beta\mu\lambda < \frac{\mu_0}{N\mu}$, すなわち $T > T_c$ なら，外部磁場ゼロのとき磁化もゼロになり，常磁性体．

・なお (a) の場合，原点にも両辺のグラフの交点があるが，この点は他の 2 つの交点と違い，エネルギーの極大点を表していて不安定なので，実現されない．

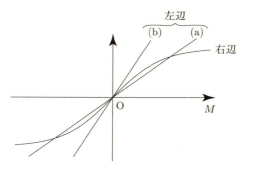

図 10.4: 式 (10.28) の両辺の M 依存性のグラフ．位置関係が (a)(b) の 2 つに大別される．

例題 22 の発展問題

22-1. 例題 22 において，自発磁化 M の温度 $T = 0$ での値を求めよ．

22-2. 例題 22 において，磁化率 $\chi \equiv \left.\frac{\partial M}{\partial H}\right|_{H=0}$ は温度 $T = T_c$ より少し高温で $(T - T_c)^{-\gamma}$ のように振る舞う．γ を求めよ．

11 磁気共鳴

重要度 ★★

――――《 内容のまとめ 》――――

前述のように磁化 $\mathbf{M}$ が磁場 $\mathbf{H}$ の中に置かれると，磁場の周りに歳差運動をする．その運動方程式は

$$\frac{d\mathbf{M}}{dt} = \gamma(\mathbf{M} \times \mathbf{H}) \tag{11.1}$$

である．γ は磁気回転比である．z 方向に強さ H_0 の静磁場があるときには，xy 面内で磁化が歳差運動をして，その周波数は γH_0 で与えられ，これはラーモア周波数である．

ここで，z 方向に強い静磁場 H_0 があり，そこにさらに x 方向に弱い交流磁場 H_1（振動数 ω）を加えることにする．ここで $|M_z| \gg |M_x|, |M_y|$ とする．外から加える交流磁場の周波数が，系の固有周波数であるラーモア周波数に近くなると共鳴現象が起こると期待されるが，実際にそのとおりであることを以下に示す．

$$\frac{dM_x}{dt} = \gamma M_y H_0, \tag{11.2}$$

$$\frac{dM_y}{dt} = \gamma(M_z H_1 - M_x H_0), \tag{11.3}$$

$$\frac{dM_z}{dt} = -\gamma M_y H_1 \tag{11.4}$$

今は $H_1 \ll H_0$ としている．そのため式 (11.4) より M_z はほとんど時間によらず，交流磁場のないときの値 $M_z = \chi_0 H_0$ としてよい．なお χ_0 は静磁場に対する磁気感受率である．すると，$M_x, M_y, H_1 \propto e^{i\omega t}$ として，

$$i\omega M_x = \gamma M_y H_0, \tag{11.5}$$

$$i\omega M_y = \gamma H_0(\chi_0 H_1 - M_x) \tag{11.6}$$

よって $\chi = M_x/H_1$ で定義される，x 方向の交流磁場に対する磁気感受率 χ は，

$$-\omega^2 M_x = \gamma^2 H_0^2(\chi_0 H_1 - M_x) \Rightarrow \chi = \frac{M_x}{H_1} = \frac{\omega_0^2}{\omega_0^2 - \omega^2}\chi_0 \tag{11.7}$$

ただし $\omega_0 \equiv \gamma H_0$ はラーモア周波数である．この χ は横方向（つまり静磁場に垂直方向）の振動磁場に対する動的感受率であり，外部磁場の周波数がラーモア周波数に等しいとき $(\omega = \omega_0)$ に発散する．

なお実際には以下で示すように，磁化の運動には緩和を伴い，その効果を考慮すると χ は虚部を持つようになり，$\omega = \omega_0$ で発散せずにピークを持つ．この周波数 $\omega \sim \omega_0$ では虚部が最大となり，外部磁場からエネルギーを共鳴的に吸収する．これを**磁気共鳴**という．実際に緩和項を入れて計算をしてみよう．

まず振動磁場がなく静磁場 H_0 のみのときは $\mathbf{M} = (0, 0, \chi_0 H_0)$ なので，振動磁場があるときはこの値に向かって緩和する．すなわち緩和項を入れると

$$\frac{dM_x}{dt} = \gamma(\mathbf{M} \times \mathbf{H})_x - \frac{M_x}{T_2}, \tag{11.8}$$

$$\frac{dM_y}{dt} = \gamma(\mathbf{M} \times \mathbf{H})_y - \frac{M_y}{T_2}, \tag{11.9}$$

$$\frac{dM_z}{dt} = \gamma(\mathbf{M} \times \mathbf{H})_z - \frac{M_z - \chi_0 H_0}{T_1} \tag{11.10}$$

となる．この方程式を**ブロッホ方程式**と呼ぶ．ここで M_x, M_y と M_z とで異なる緩和時間 T_2, T_1 を用いている．静磁場と平行な方向の成分の緩和時間 T_1 を**縦緩和時間**または**スピン格子緩和時間**と呼び，一方，静磁場と垂直な方向の成分の緩和時間 T_2 を**横緩和時間**または**スピン・スピン緩和時間**と呼ぶ．磁場が z 方向にかかっているため，系のエネルギーは $-M_z H_0$ である．そのため式 (11.10) で記述される M_z の変化は，スピン系のエネルギーの変化を意味しており，実際にはスピン系のエネルギーが格子振動の自由度へと流れることにより M_z が変化することを可能にしている（言い換えると他の系と結合がない孤立したスピン系では M_z は変化できない）．このエネルギーのやりとりに要する時間が T_1 である．一方，式 (11.8), (11.9) に現れる T_2 は多数のスピン同士で相互作用し，x, y 方向のスピンの動きがばらばらになるまでの時間である．一般に $T_1 > T_2$ が成立する．

例題 23　磁気共鳴

例として，x 方向の振動磁場（周波数 ω）を加えた場合に，ブロッホ方程式 (11.8)-(11.10) を解きたい．実際は x 方向の振動磁場の代わりに xy 面内の回転磁場（周波数 ω）について解くほうが簡単なので，まず回転磁場の問題を先に解き，その解を用いて振動磁場に対する応答を考える．

(1) 定常磁場 $(0, 0, H_0)$ に加え回転磁場 $\mathbf{H}_1 = (H_1 \cos\omega t, -H_1 \sin\omega t, 0)$ $(H_1 \ll H_0)$ がある場合に対してブロッホ方程式を書き，$M_- = M_x - iM_y$ についての方程式を書き下せ．

(2) M_z が一定値 $\chi_0 H_0$ となると近似して，M_- の定常解（周波数 ω で振動する解）を求めよ．

(3) $H_- = H_x - iH_y = H_1 e^{i\omega t}$ に対する応答が M_- であることから，回転磁場に対する動的感受率（周波数 ω での感受率）は $\chi = M_-/H_-$ と書ける．この χ の値を求め，それを $\chi = \chi' - i\chi''$ のように実部と虚部に分けて書け．

(4) 最初の問題に戻って，もし $\mathbf{H} = (H_x \cos\omega t, 0, 0)$ という x 方向の振動磁場があった場合を考えると，これは $H_1 = H_x/2$ の周波数 ω の回転磁場と $H_1 = H_x/2$ の周波数 $-\omega$ の回転磁場との重ね合わせであり，$\omega \sim \omega_0$ 付近では前者のみ共鳴するが，後者は共鳴しないので無視してよい．そこから $\mathbf{H} = (H_x \cos\omega t, 0, 0)$ に対する動的感受率の実部・虚部を求めよ．

考え方

誘導に従えば素直に計算できる．(4) の回転磁場と振動磁場の関係を理解しておいてほしい．

解答

(1) 定常磁場 $(0, 0, H_0)$ に加え回転磁場 $\mathbf{H}_1$ があると，

$$\frac{dM_x}{dt} = \gamma(M_y H_0 + M_z H_1 \sin\omega t) - \frac{M_x}{T_2},$$

$$\frac{dM_y}{dt} = -\gamma(M_x H_0 - M_z H_1 \cos\omega t) - \frac{M_y}{T_2},$$

ワンポイント解説

$$\frac{dM_z}{dt} = \gamma(-M_x H_1 \sin\omega t - M_y H_1 \cos\omega t)$$
$$- \frac{M_z - \chi_0 H_0}{T_1}$$

$M_- = M_x - iM_y$ を作ると

$$\frac{dM_-}{dt} = \gamma(iM_- H_0 - iM_z H_1 e^{i\omega t}) - \frac{M_-}{T_2} \quad (11.11)$$

(2) $M_- \propto e^{i\omega t}$, $M_z = \chi_0 H_0$ と仮定すると，ラーモア周波数 $\omega_0 = \gamma H_0$ を用いて $\left(i\omega - i\omega_0 + \frac{1}{T_2}\right)M_- = -i\gamma\chi_0 H_0 H_1 e^{i\omega t}$ と書ける．したがって，

$$M_- = -\frac{i\chi_0\omega_0 T_2}{i(\omega-\omega_0)T_2 + 1} H_1 e^{i\omega t} \quad (11.12)$$

(3) 動的感受率 χ は

$$\chi = \frac{M_-}{H_-} = \frac{-i\chi_0\omega_0 T_2}{1 + i(\omega-\omega_0)T_2} \quad (11.13)$$

となる．$\chi = \chi' - i\chi''$ のように分けると

$$\chi'' = \frac{1}{1 + (\omega-\omega_0)^2 T_2^2}\chi_0\omega_0 T_2, \quad (11.14)$$

$$\chi' = \frac{-(\omega-\omega_0)T_2}{1 + (\omega-\omega_0)^2 T_2^2}\chi_0\omega_0 T_2 \quad (11.15)$$

となり，図 11.1 に示すように $\omega \sim \omega_0$ 付近で共鳴的に増大する．共鳴が起こる周波数の幅はほぼ $1/T_2$ の程度である．

(4) $\mathbf{H} = (H_x \cos\omega t, 0, 0)$ に対する動的感受率は問題文にあるように，

$$\mathbf{H} = \frac{H_x}{2}(\cos\omega t, -\sin\omega t, 0) + \frac{H_x}{2}(\cos\omega t, \sin\omega t, 0) \quad (11.16)$$

と分解して，第 1 項のみが共鳴するとして近似すると $H_1 = H_x/2$ として，

$$\chi'' = \frac{1}{1+(\omega-\omega_0)^2 T_2^2} \frac{\chi_0 \omega_0 T_2}{2}, \qquad (11.17)$$

$$\chi' = \frac{-(\omega-\omega_0)T_2}{1+(\omega-\omega_0)^2 T_2^2} \frac{\chi_0 \omega_0 T_2}{2}, \qquad (11.18)$$

を得る．模式図は再び図 11.1 のようになる．

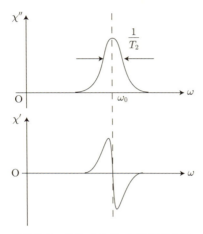

図 11.1: 磁気共鳴の動的感受率の周波数依存性の模式図．

例題 23 の発展問題

23-1. ブロッホ方程式 (11.8)-(11.10) において，z 軸方向の強さ H_0 の強い静磁場に加えて，<u>z 軸方向</u>に振動磁場 $(0,0,H_1 e^{i\omega t})$ も加えると，上の式は

$$\frac{dM_z}{dt} = -\frac{M_z - \chi_0(H_0 + H_1 e^{i\omega t})}{T_1}$$

となる．このとき磁化は $\mathbf{M}_0 = (0,0,\chi_0 H_0)$ の値を中心に振動する．この振動に関する動的感受率 $\chi(\omega)$（振幅 H_1 の振動磁場に対してどのくらい磁化がでるか）を求めよ．

重要度
★★

12 超伝導体

―――《 内容のまとめ 》―――

多くの金属は十分低い温度まで冷やすと，電気抵抗が突然ゼロになる．この現象を超伝導と呼ぶ．この超伝導になる温度を**臨界温度（転移温度）** T_c と呼ぶ．多くの金属では T_c は数ケルビン程度であるが，特殊な化合物ではそれよりずっと高い T_c を持つものもあり，例えば MgB_2 では 39 K，高温超伝導体と呼ばれる物質群では 100 K を超すものもある．

超伝導体では抵抗率は厳密にゼロであり，超伝導体のリングを流れている電流は減衰することなく流れ続ける．こうした抵抗ゼロという特徴と並ぶ，超伝導体の重要な性質として**マイスナー効果**がある．これは超伝導体が完全反磁性，すなわち超伝導体の中では $\chi_m = -1$ となるもので，言い換えると $\mathbf{M} = -\mathbf{H}$, $\mathbf{B} \equiv 0$ となり，超伝導体の中には磁束が入らないことを示している．例えば一様な外部磁場の中に金属を置き，超伝導転移温度 T_c 以下に冷却すると，金属中を貫いていた磁束は外に押し出される（超伝導体の中には，磁束が規則的な格子状になって超伝導体内に進入するものがある．これを第2種超伝導体と呼ぶ．こうしたことが起こらない超伝導体を第1種超伝導体と呼び，以下ではこの第1種超伝導体に限定して考える）．

また超伝導のリングを考えると**磁束量子化**という現象が起こる．$T = T_c$ 以上の温度で磁場をかけておき T_c 以下に冷やすと，リングの穴の部分を通る磁束は $\Phi_0 = hc/(2e)$（**磁束量子**と呼ばれる）の整数倍に量子化される．これは超伝導状態の波動関数の位相がリングを一周したときに元に戻ることの帰結であり，この磁束を維持するためにリングには電流が流れる．この電流は平衡状態で流れている電流であり，抵抗ゼロで流れ続ける永久電流である．

もう少し詳しく述べると，磁束は超伝導体内にまったく侵入しないのではな

く，表面近くにのみわずかに侵入する．これを以下に説明する．超伝導状態ではロンドン方程式と呼ばれる次の形の式が成り立つ．

$$\mathbf{j} = -\frac{1}{\mu_0 \lambda_L^2} \mathbf{A} \tag{12.1}$$

λ_L は長さの次元を持つ量である．なお $\mathbf{A}$ はベクトルポテンシャルで，$\mathbf{B} = \nabla \times \mathbf{A}$ で定義されている．この式 $\mathbf{B} = \nabla \times \mathbf{A}$ だけでは $\mathbf{A}$ は一意には定まらない（これをゲージ自由度と呼ぶ）が，ここでは $\nabla \cdot \mathbf{A} = 0$ というゲージをとっているものとして，$\mathbf{A}$ を定める．これにより $\nabla \cdot \mathbf{j} = 0$ が保障される．この両辺の rot を取ると

$$\nabla \times \mathbf{j} = -\frac{1}{\mu_0 \lambda_L^2} \mathbf{B} \tag{12.2}$$

となる．他方，マクスウェル方程式より，

$$\nabla \times \mathbf{B} = \mu_0 \mathbf{j} \tag{12.3}$$

であるので，式 (12.2) と合わせて

$$\nabla \times (\nabla \times \mathbf{B}) = -\frac{1}{\lambda_L^2} \mathbf{j} \tag{12.4}$$

$\nabla \cdot \mathbf{B} = 0$ を用いると

$$\nabla(\nabla \cdot \mathbf{B}) - \nabla^2 \mathbf{B} = -\frac{1}{\lambda_L^2} \mathbf{B} \Rightarrow \nabla^2 \mathbf{B} = \frac{1}{\lambda_L^2} \mathbf{B} \tag{12.5}$$

したがって超伝導体内では，$\mathbf{B}$ は距離 λ_L 程度で指数関数的に減衰してゼロになる．超伝導体の表面から内部に向かう向きの座標を x とおくと $B(x) = B(0)\exp(-x/\lambda_L)$ となる．この λ_L を**磁場侵入長**と呼ぶ．これにより磁束は超伝導体内部深くには侵入できず，マイスナー効果が導かれる．典型的には磁場侵入長は数十 nm 程度である．

　磁場をかけると前述のように磁束は超伝導体内には入らないが，磁場を強くしていくとある磁場の値 $H = H_c$ で超伝導は壊れてしまう．この値 H_c を**臨界磁場**と呼ぶ．超伝導体にかける磁場を H から $H + dH$ まで強くすると，その間に磁化は $M = -H$ から $-(H + dH)$ へと変わる．この間に要する仕事は $-\mu_0 H dM = \mu_0 H dH$．したがって $H = 0$ から $H = H_c$ にするのにかかるエネルギーは

$$\mu_0 \int_0^{H_c} H dH = \frac{1}{2}\mu_0 H_c^2 \tag{12.6}$$

超伝導状態と常伝導状態での自由エネルギー密度をそれぞれ $F_s(H)$, $F_n(H)$ とすると，$H = H_c$ で両者の間で相転移することからそれらの自由エネルギーは等しく

$$F_s(H_c) = F_n(H_c). \tag{12.7}$$

常伝導状態では磁気感受率は非常に小さいので，磁場を変化させたことによる自由エネルギーの変化は無視できるほど小さい．

$$F_n(0) = F_n(H_c). \tag{12.8}$$

他方，超伝導状態では上に述べたエネルギー変化があるので

$$F_s(0) = F_s(H_c) - \frac{1}{2}\mu_0 H_c^2. \tag{12.9}$$

これらの式から

$$F_s(H=0) - F_n(H=0) = -\frac{1}{2}\mu_0 H_c^2 \tag{12.10}$$

となり，超伝導状態は常伝導状態よりも $\frac{1}{2}\mu_0 H_c^2$ だけエネルギーが低いことになる．

　なお超伝導の基本的機構は，BCS理論と呼ばれる量子力学に基づいた理論で説明されるが，ここでは詳しいことは触れない．BCS理論によれば，超伝導状態では，電子が2個ずつ対（クーパー対と呼ばれる）を形成し，その対がボーズ凝縮して，すべての電子がいわば一体となった量子力学的状態となっているため，不純物による散乱を受けず，抵抗ゼロの状態になっている．この凝縮により低下したエネルギーが，上でいう $\frac{1}{2}\mu_0 H_c^2$ に相当している．なお，この対を作るのは電子間の引力である．電子間にはクーロン斥力が働いているが，電子とフォノン（格子振動）との相互作用に起因して電子間に特殊な引力が働いており，これが対を作る原動力となっている．

例題 24　超伝導体の磁化と表面電流

磁束密度 $\mathbf{B}_0 = (0, 0, B_0)$ を持つ一様な外部磁場中に，底面の半径 a，高さ h の超伝導体の長い円柱が，軸が z 軸方向になるように置いてある．また磁場分布はすべて z 軸方向とし，超伝導体中には磁束はまったく侵入しないとする．

(1) この場合の円柱内の磁化を求めよ．
(2) 円柱の底面に誘起される誘導磁荷を求めよ．
(3) 実際，(2) の「誘導磁荷」は便宜的に導入されたものであり，上で求めた磁荷による磁気モーメントは，実際は，円柱表面の周りを流れる電流によって誘起される．この電流の電流密度（円柱の高さ方向の単位長さあたりに流れる電流）の大きさを求めよ．

考え方

(3) の表面電流の導出が少し難しい．誘導磁荷の考え方と表面電流の考え方は等価であり，それらの間をうまく行き来する必要がある．(3) では表面電流を考えており，磁場に関する接続条件が修正を受けることを注意する．

‖解答‖

(1) 超伝導体外の磁場は $\mathbf{H} = \mathbf{B}_0/\mu_0$ である．円柱の側面では，磁場の円柱に沿った方向の成分は円柱内外で連続なので，円柱内部の磁場も $\mathbf{H} = \mathbf{B}_0/\mu_0$，一方，円柱内部では磁束密度は $\mathbf{B} = 0$ なので，磁化は $\mathbf{M} = \mathbf{B}/\mu_0 - \mathbf{H} = -\mathbf{B}_0/\mu_0 = (0, 0, -B_0/\mu_0)$（図 12.1(a)）．

(2) (1) で求めた磁化は単位体積あたりの磁気双極子モーメントを μ_0 で割ったものなので，これに円柱の体積をかけて μ_0 をかければ，円柱の磁気双極子モーメントは $(0, 0, -B_0 \pi a^2 h)$ である．したがって両端に発生する磁荷は，円柱の高さ h で割って，$\pm \pi a^2 B_0$.

ワンポイント解説

(3) 図 12.1(b) に示すように，(2) の磁気モーメントが環状電流によってもたらされると考えれば，円柱を回る環状電流の大きさは，磁気モーメントを円柱の底面積で割って μ_0 でも割ればよく $B_0 h/\mu_0$. したがって，単位長さあたりの電流密度は，B_0/μ_0.

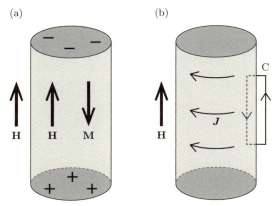

図 12.1: 磁場中の超伝導体円筒．超伝導体の磁化が (a) 誘導磁荷によるとみたときと，(b) 環状電流によるとみたときの比較．

(3) の別解：(1) では磁場ベクトルが超伝導体内外で等しいとしたが，これは超伝導体円柱の両端に磁荷が誘起されていると考えた場合である（図 12.1(a)）．この磁荷の考え方は便宜的に導入したもので，実際は磁荷の代わりに環状電流が円柱表面に存在している（図 12.1(b)）．そのために内部では，環状電流の作る磁場により，磁場も磁束密度もゼロとなっている．したがって内部と外部とで磁場の値が B_0/μ_0 だけ異なっている．今求めたい電流密度を J とすると，図 12.1(b) の経路 C 上でアンペールの法則を適用し，$J = B_0/\mu_0$ となる．つまり表面電流密度は，円柱内部と外部との磁場の強さの差に等しい．

・すなわち第 8 章式 (8.24) を用いている．

例題 24 の発展問題

24-1. 軸を共有し,底面の半径が a および b $(b < a)$ の 2 つの円筒面にはさまれた領域を占める超伝導体を考える.この軸を z 軸とおき,この超伝導体の z 軸方向の長さは十分長いとする.最初に温度を超伝導転移温度 T_c より高くし,超伝導でない状態としておき,磁場を z 軸方向にかける.そのまま T_c 以下に温度を下げるとこの物質は超伝導となる.超伝導体内には磁束が侵入しないため,外部磁場がゼロでも内部の空洞には磁束が貫いたままとなる.このとき,この物質表面の電流の分布はどのようになっているか.空洞内の磁束密度は $(0, 0, B)$ で一様であるとする.

例題 25　超伝導体上の磁気浮上

超伝導体が $z \leq 0$ の領域にあり，$z > 0$ は真空とする．点 $P(0, 0, d)$ $(d > 0)$ に磁気双極子モーメント $\mathbf{m} = (0, 0, m)$ の磁気双極子があるとする．磁束は一切，超伝導体内に侵入しないとする．

(1) 磁束密度の分布を求めよ（ヒント：鏡像法を用いる．$z = 0$ 面上では磁束密度は面に平行になる）．
(2) この磁気双極子が受ける力を求めよ．
(3) 超伝導体表面に流れている電流の分布を求めよ．

考え方

超伝導体内では磁束密度がゼロであり，そこから来る表面上での磁束密度の境界条件は何か考える．そしてそれを満たすように鏡像の位置に磁気双極子モーメントを置く．

‖解答‖

(1) 超伝導体内では磁束密度はゼロであり，面 $z = 0$ での境界条件から，真空の領域 $z \geq 0$ において，$z = 0$ 面上での磁束密度は面に沿った方向になる．これを満たす磁束密度分布を，鏡像磁気モーメントを $Q(0, 0, -d)$ に置くことで実現するためには，$-\mathbf{m} = (0, 0, -m)$ の磁気モーメントを $(0, 0, -d)$ に置けばよい．元の磁気モーメントと鏡像磁気モーメントの両方が作る磁束密度を合成したものが，$z \geq 0$ の領域では元の問題での磁束密度分布に一致する．したがって，点 (x, y, z) において

$$\mathbf{B} = \frac{m}{4\pi} \left[\frac{(3x(z-d), 3y(z-d), 3(z-d)^2 - r_P{}^2)}{r_P{}^5} - \frac{(3x(z+d), 3y(z+d), 3(z+d)^2 - r_Q{}^2)}{r_Q{}^5} \right] \quad (12.11)$$

ただし，

ワンポイント解説

$$r_{\mathrm{P}} = \sqrt{x^2 + y^2 + (z-d)^2}, \qquad (12.12)$$

$$r_{\mathrm{Q}} = \sqrt{x^2 + y^2 + (z+d)^2} \qquad (12.13)$$

はそれぞれ,P および Q からの距離である.なお超伝導体表面 $z=0$ では,$r_{\mathrm{P}} = r_{\mathrm{Q}} = \sqrt{x^2 + y^2 + d^2}$ なので

$$\mathbf{B} = -\frac{3md}{2\pi}\frac{(x,y,0)}{r^5}, \ r = \sqrt{x^2 + y^2 + d^2} \qquad (12.14)$$

となって確かに **B** は面に沿った方向になる.

(2) 点 P にある磁気双極子 **m** は,点 Q にある鏡像磁気双極子が作る誘導磁場 **H**′ から力を受けることになる.磁気双極子 **m** が,空間依存性のある磁場 **H**′ 中にあるときに,その磁場から受ける力は $(\mathbf{m}\cdot\nabla)\mathbf{H}'$ である.

対称性から,受ける力 **F** は z 軸方向であり,$\mathbf{H}' = -\frac{m}{4\pi\mu_0}\frac{(3x(z+d),3y(z+d),3(z+d)^2-r_{\mathrm{Q}}^2)}{r_{\mathrm{Q}}^5}$ なので,

$$F_z = m\left.\frac{\partial H'_z}{\partial z}\right|_{(x,y,z)=(0,0,d)} = \frac{3m^2}{32\pi\mu_0 d^4} \qquad (12.15)$$

これは正であり磁気双極子は表面から斥力を受けることになる.これが超伝導体上の磁気浮上の原理である.

(3) 超伝導体の表面に流れる遮蔽電流は電流密度 $\mathbf{j} = (-H_y(z=+0), H_x(z=+0), 0)$ で与えられる.なぜなら,例えば超伝導体表面上で図 12.2(b) のような経路に対して,マクスウェル方程式から $H_x\delta x = j_y\delta x$, $H_y\delta y = -j_x\delta y$ となるので,$\mathbf{j} = (-H_y, H_x, 0)$ となるからである.すなわち,$\mathbf{j} = \mathbf{n}\times\mathbf{H}$ である.ただし **n** は超伝導体から外向きの単位法線ベクトル,**H** は超伝導体表面外側の磁場である.

これに (1) の結果を代入すると,$r =$

・点 **r** にある磁気双極子 **m** を,例えば $\mathbf{r}\pm\frac{\mathbf{R}}{2}$ の位置に磁荷 $\pm q_{\mathrm{m}}$ があるものとすれば,磁場から受ける力は,$\mathbf{F} = q_{\mathrm{m}}\mathbf{H}'(\mathbf{r}+\frac{\mathbf{R}}{2}) - q_{\mathrm{m}}\mathbf{H}'(\mathbf{r}-\frac{\mathbf{R}}{2}) \sim q_{\mathrm{m}}(\mathbf{R}\cdot\nabla)\mathbf{H}' = (\mathbf{m}\cdot\nabla)\mathbf{H}'$.

・つまり一様磁場からは磁気モーメントが受ける力は両磁極で打ち消し合いゼロとなる.磁場が一様でない場合のみ,それが打ち消し合わない

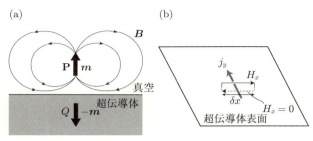

図 12.2: (a) 磁気双極子とその鏡像双極子. (b) 超伝導体表面の電流と磁場.

$\sqrt{x^2 + y^2 + d^2}$ に対して
$$\mathbf{j} = \frac{3md}{2\pi\mu_0} \frac{(y, -x, 0)}{r^5} \qquad (12.16)$$

で与えられる.

・例題 24 (3) と同様に, ここでは超伝導体の磁場はゼロとしており, 表面での磁場の飛びが式 (8.24) より表面電流を与える.

例題 25 の発展問題

25-1. 一様な外部磁場 $(0, 0, H_0)$ 中に，半径 a の超伝導体の球を置く．球の中心を原点とする．超伝導体中には磁束はまったく侵入しないとする．

　超伝導体球内には磁束が侵入しないように，球表面には誘導磁荷が発生する．これは第 5 章の例題 12 のような，真空中で一様電場中に誘電体の球を置く場合と数学的には類似の問題となり，同様に解ける．ここでは以前に得た結果を用いて解くことにする．

(1) この場合，球内には z 軸方向の一様磁場 $(0, 0, H)$ が生じることになるが，この一様磁場 H は，外部磁場 H_0 と反磁場 H' の和である．また球の磁化も一様であり，それを $(0, 0, M)$ とすると，

$$H' = -LM \tag{12.17}$$

とおける．L は**反磁場係数**であり，球体の場合には反電場係数と同様に $L = \frac{1}{3}$ である．これを利用して M と H を求めよ．

(2) 球に磁化が生じると球表面に誘導磁荷が生まれる．これが球外に作る誘導磁場 $\mathbf{B}'$ を求めよ．なおこの磁化が球外に作る誘導磁場は，球の磁気モーメントが原点に集中しているとした場合の値と同じであることを利用してよい．

(3) 球面を流れる電流密度を求めよ．

重要度 ★★

13 物質中の電磁波

―《 内容のまとめ 》―

　誘電率 ε, 透磁率 μ の一様媒質中での電磁波については以前扱ったように, 速度は $v = \frac{1}{\sqrt{\varepsilon\mu}}$ であり, 真空中の光速 $c = \frac{1}{\sqrt{\varepsilon_0\mu_0}}$ との比から屈折率

$$n = \frac{c}{v} = \sqrt{\frac{\varepsilon\mu}{\varepsilon_0\mu_0}} \tag{13.1}$$

を定義する. 屈折率の異なる2つの一様媒質の間の界面に, 一方の媒質から電磁波が入射すると, 界面で一部は屈折して一部は反射する. 以下では屈折率の異なる媒質の間の界面での, 電磁波の屈折・反射現象を扱う.

　界面を導入する前に, 計算の準備として屈折率 n の一様媒質中での電磁波の電場, 磁場の式やポインティングベクトルの値を導入しておく. マクスウェル方程式から

$$\mathbf{B} = \frac{n}{c}\hat{k} \times \mathbf{E}, \quad (\hat{k} = \mathbf{k}/k) \tag{13.2}$$

であるので, 直線偏光を仮定し

$$\mathbf{E} = \mathcal{E}e^{i(\omega t - \mathbf{k}\cdot\mathbf{r})}, \quad \mathbf{B} = \mathcal{B}e^{i(\omega t - \mathbf{k}\cdot\mathbf{r})} \tag{13.3}$$

とおく. $\mathcal{E}$, $\mathcal{B}$ はともに $\hat{k}$ に垂直な実ベクトルであり

$$\mathcal{B} = \frac{n}{c}\hat{k} \times \mathcal{E} \tag{13.4}$$

　ポインティングベクトル $\mathbf{S}$ は, $\mathbf{E}$ と $\mathbf{H}$ の実数表示を用いて

$$\mathbf{S} = \mathbf{E} \times \mathbf{H} = \frac{n}{\mu c}\hat{k}|\mathbf{E}|^2 \tag{13.5}$$

である. 電磁波が界面に入射するときに, 界面に単位時間・単位面積に入射す

るエネルギーは，ポインティングベクトルの，界面に垂直方向の成分で表される．界面法線と波数 $\mathbf{k}$ のなす角を θ とおくとその値は

$$S_\perp = \frac{n}{\mu c}|\mathbf{E}|^2 \cos\theta = \frac{n}{\mu c}|\mathcal{E}|^2 \cos\theta \cos^2(\omega t - \mathbf{k}\cdot\mathbf{r}) \tag{13.6}$$

である．したがって，界面に単位時間・単位面積に入射するエネルギーの時間平均は

$$\langle S_\perp \rangle = \frac{n}{2\mu c}|\mathcal{E}|^2 \cos\theta. \tag{13.7}$$

以下では反射率 R と透過率 T の計算を行うが，これらは界面に入射したエネルギーのうち，反射波と透過波とに分けられているエネルギーの割合をそれぞれ表す．

以下では，例えば媒質 1 は誘電率 ε_1，透磁率 μ_0，媒質 2 は誘電率 ε_2，透磁率 μ_0 であるとし，界面が平面であるとする（簡単のため透磁率は両方の媒質でともに μ_0 とした．通常考える界面での屈折・反射の問題では，両媒質とも透磁率がほぼ μ_0 で誘電率が異なる場合が多い）．すると屈折率は

$$n_1 = \sqrt{\frac{\varepsilon_1}{\varepsilon_0}}, \ n_2 = \sqrt{\frac{\varepsilon_2}{\varepsilon_0}} \tag{13.8}$$

であり，各媒質中での電磁波の速度は $\frac{c}{n_1}$, $\frac{c}{n_2}$ と表される．ここに媒質 1 から平面波の電磁波が入射する場合を考える．入射波（添字 I で表す：incident）が平面波であれば，反射波（添字 R で表す：reflected），透過波（屈折波）（添字 T で表す：transmitted）も同じく平面波である．入射波から屈折波，反射波が生み出されるので，それらの周波数は共通の値 ω を取る．それらの波数を $\mathbf{k}_\mathrm{I}$, $\mathbf{k}_\mathrm{R}$, $\mathbf{k}_\mathrm{T}$ とし，それらが界面の法線となす角度をそれぞれ θ_I, θ_R, θ_T とおく．するとそれぞれの波は

$$\mathbf{E}_\mathrm{I} = \mathcal{E}_\mathrm{I} e^{i(\omega t - \mathbf{k}_\mathrm{I}\cdot\mathbf{r})}, \quad \mathbf{E}_\mathrm{R} = \mathcal{E}_\mathrm{R} e^{i(\omega t - \mathbf{k}_\mathrm{R}\cdot\mathbf{r})}, \quad \mathbf{E}_\mathrm{T} = \mathcal{E}_\mathrm{T} e^{i(\omega t - \mathbf{k}_\mathrm{T}\cdot\mathbf{r})} \tag{13.9}$$

以下ではこれを元に，反射率や透過率を計算しよう．その際には，界面で $\mathbf{B}$, $\mathbf{D}$ の法線成分および $\mathbf{H}$, $\mathbf{E}$ の接線成分が連続であるという境界条件を課すことになる．界面の法線ベクトルと入射波の波数ベクトルとを含む平面を入射平面と呼ぶ．入射波の電場ベクトル（偏光方向）が入射平面に垂直か，または入射平面に沿った方向かによって 2 つの場合に分けて考察する（例題 26）．

異方性媒質の性質

結晶などでは光学的な性質が光の方向に依存して変わる場合がある．これは結晶の中の原子や分子が規則的に並んでいるために起こる．こうした場合には誘電率に異方性が現れ，電束密度は電場に対して一般に次のように表される．

$$D_i = \sum_j \varepsilon_{ij} E_j \tag{13.10}$$

ここで $i, j = x, y, z$ とする．これは $\mathbf{D} = \boldsymbol{\varepsilon}\mathbf{E}$ のように書くことができ，3×3 の行列の形で表される $\boldsymbol{\varepsilon}$ を**誘電率テンソル**という．このテンソルは一般には非対角要素を持ち，対称 ($\varepsilon_{ij} = \varepsilon_{ji}$) である．例えば $\boldsymbol{\varepsilon}$ が実である場合には，この誘電率テンソルを対角化するように座標系を取り直すことができる．そのように x, y, z 軸を取り直すことにすれば，

$$D_x = \varepsilon_x E_x, \; D_y = \varepsilon_y E_y, \; D_z = \varepsilon_z E_z \tag{13.11}$$

と書ける．これらの座標軸の方向を結晶の**主軸**と呼び，結晶構造の対称性を表わす軸に対応することが多い．透磁率が μ_0 とすると，それぞれの方向の電場に対して対応する屈折率は，真空中の光速 $c = 1/\sqrt{\varepsilon_0 \mu_0}$ を用いて

$$n_i = c / \left(\frac{1}{\sqrt{\varepsilon_i \mu_0}}\right) = \sqrt{\frac{\varepsilon_i}{\varepsilon_0}} \quad (i = x, y, z) \tag{13.12}$$

特に $n_x = n_y \neq n_z$ となる結晶を**一軸性結晶**と呼び，この場合に z 軸のことを**光学軸**と呼ぶ．異方性媒質では，光の伝播方向や電場ベクトルの向きが主軸とどのような位置関係にあるかにより，その光学的性質が異なる．

例題 26　界面での電磁波の屈折と反射

本章内容のまとめで述べた媒質 1 と媒質 2 の間の界面での屈折・反射を考える．

(1) 上に述べた境界条件から，媒質 1 と媒質 2 の間で，周波数 ω および波数ベクトルの界面に沿った方向の成分 $\mathbf{k}_{\parallel}$ は入射波，反射波，透過波についてすべて共通でなければならない．このことから反射角 θ_R と屈折角 θ_T を求めよ．

(2) **TE(transverse electric) 偏光（s 偏光）の場合**
電場ベクトルが入射平面に垂直な場合を TE 偏光，もしくは s 偏光と呼ぶ．電場 $\mathbf{E}$ と磁場 $\mathbf{H}$ の接続条件から，反射率 R と透過率 T を求め，$R+T=1$ を満たすことを示せ．なお R および T は，界面の単位面積あたりに入射してくる光のエネルギーに対する，反射光ないし透過光が界面の単位面積から持ち去るエネルギーの比をそれぞれ表す．

(3) **TM(transverse electric) 偏光（p 偏光）の場合**
電場ベクトルが入射平面に沿った方向の場合を TM 偏光，もしくは p 偏光と呼ぶ．電場 $\mathbf{E}$ と磁場 $\mathbf{H}$ の接続条件から，反射率 R と透過率 T を求め，$R+T=1$ を満たすことを示せ．

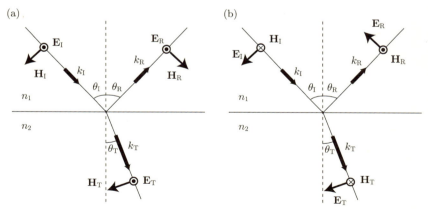

図 13.1: 界面での屈折・反射．(a) TE 偏光，s 偏光．(b) TM 偏光，p 偏光．

考え方

計算が煩雑であり間違えやすい．また反射率，透過率は，界面でやりとりされるエネルギーの比で定義することに注意せよ．そうすることによって $R+T=1$ が保証される．

‖解答‖

(1) ω が共通なので

$$\omega = \frac{ck_\mathrm{I}}{n_1} = \frac{ck_\mathrm{R}}{n_1} = \frac{ck_\mathrm{T}}{n_2} \Rightarrow k_\mathrm{R} = k_\mathrm{I}, \quad k_\mathrm{T} = \frac{n_2}{n_1} k_\mathrm{I} \tag{13.13}$$

となる．また界面に沿った方向の波数成分 $\mathbf{k}_\parallel$ が共通なので $k_\mathrm{I} \sin\theta_\mathrm{I} = k_\mathrm{R} \sin\theta_\mathrm{R} = k_\mathrm{T} \sin\theta_\mathrm{T}$．よって

$$\sin\theta_\mathrm{R} = \sin\theta_\mathrm{I}, \quad \sin\theta_\mathrm{T} = \frac{n_1}{n_2} \sin\theta_\mathrm{I} \tag{13.14}$$

であり，反射角 θ_R は入射角 θ_I と等しく，屈折角 θ_T は $\sin\theta_\mathrm{T} = \frac{n_1}{n_2} \sin\theta_\mathrm{I}$ を満たすというスネルの法則が得られる．

(2) TE 偏光の場合，電場 $\mathbf{E}$ と磁場 $\mathbf{H}$ の接続条件から，

$$\mathcal{E}_\mathrm{I} + \mathcal{E}_\mathrm{R} = \mathcal{E}_\mathrm{T}, \tag{13.15}$$

$$n_1 \mathcal{E}_\mathrm{I} \cos\theta_\mathrm{I} - n_1 \mathcal{E}_\mathrm{R} \cos\theta_\mathrm{I} = n_2 \mathcal{E}_\mathrm{T} \cos\theta_\mathrm{T} \tag{13.16}$$

よって

$$\frac{\mathcal{E}_\mathrm{R}}{\mathcal{E}_\mathrm{I}} = \frac{n_1 \cos\theta_\mathrm{I} - n_2 \cos\theta_\mathrm{T}}{n_1 \cos\theta_\mathrm{I} + n_2 \cos\theta_\mathrm{T}}, \tag{13.17}$$

$$\frac{\mathcal{E}_\mathrm{T}}{\mathcal{E}_\mathrm{I}} = \frac{2 n_1 \cos\theta_\mathrm{I}}{n_1 \cos\theta_\mathrm{I} + n_2 \cos\theta_\mathrm{T}}. \tag{13.18}$$

したがって式 (13.7) より，

ワンポイント解説

$$R = \left(\frac{\mathcal{E}_\mathrm{R}}{\mathcal{E}_\mathrm{I}}\right)^2 = \left(\frac{n_1 \cos\theta_\mathrm{I} - n_2 \cos\theta_\mathrm{T}}{n_1 \cos\theta_\mathrm{I} + n_2 \cos\theta_\mathrm{T}}\right)^2, \quad (13.19)$$

$$T = \left(\frac{\mathcal{E}_\mathrm{T}}{\mathcal{E}_\mathrm{I}}\right)^2 \frac{n_2 \cos\theta_\mathrm{T}}{n_1 \cos\theta_\mathrm{I}} = \frac{4 n_1 n_2 \cos\theta_\mathrm{I} \cos\theta_\mathrm{T}}{(n_1 \cos\theta_\mathrm{I} + n_2 \cos\theta_\mathrm{T})^2} \quad (13.20)$$

・式 (13.20) の $\frac{n_2 \cos\theta_\mathrm{T}}{n_1 \cos\theta_\mathrm{I}}$ は，式 (13.7) の $n\cos\theta$ の因子による．

であり，$R + T = 1$ を満たす．

(3) TM 偏光の場合，電場 $\mathbf{E}$ と磁場 $\mathbf{H}$ の接続条件から，

$$\mathcal{E}_\mathrm{I} \cos\theta_\mathrm{I} + \mathcal{E}_\mathrm{R} \cos\theta_\mathrm{I} = \mathcal{E}_\mathrm{T} \cos\theta_\mathrm{T}, \quad (13.21)$$

$$n_1 \mathcal{E}_\mathrm{I} - n_1 \mathcal{E}_\mathrm{R} = n_2 \mathcal{E}_\mathrm{T} \quad (13.22)$$

よって

$$\frac{\mathcal{E}_\mathrm{R}}{\mathcal{E}_\mathrm{I}} = \frac{n_1 \cos\theta_\mathrm{T} - n_2 \cos\theta_\mathrm{I}}{n_1 \cos\theta_\mathrm{T} + n_2 \cos\theta_\mathrm{I}}, \quad (13.23)$$

$$\frac{\mathcal{E}_\mathrm{T}}{\mathcal{E}_\mathrm{I}} = \frac{2 n_1 \cos\theta_\mathrm{I}}{n_1 \cos\theta_\mathrm{T} + n_2 \cos\theta_\mathrm{I}} \quad (13.24)$$

したがって

$$R = \left(\frac{\mathcal{E}_\mathrm{R}}{\mathcal{E}_\mathrm{I}}\right)^2 = \left(\frac{n_1 \cos\theta_\mathrm{T} - n_2 \cos\theta_\mathrm{I}}{n_1 \cos\theta_\mathrm{T} + n_2 \cos\theta_\mathrm{I}}\right)^2, \quad (13.25)$$

$$T = \left(\frac{\mathcal{E}_\mathrm{T}}{\mathcal{E}_\mathrm{I}}\right)^2 \frac{n_2 \cos\theta_\mathrm{T}}{n_1 \cos\theta_\mathrm{I}} = \frac{4 n_1 n_2 \cos\theta_\mathrm{I} \cos\theta_\mathrm{T}}{(n_1 \cos\theta_\mathrm{T} + n_2 \cos\theta_\mathrm{I})^2} \quad (13.26)$$

であり，$R + T = 1$ を満たす．

特に界面に垂直に入射する場合 ($\theta_\mathrm{I} = 0$) を考えると $\theta_\mathrm{R} = 0 = \theta_\mathrm{T}$ となる．この場合，TM 偏光と TE 偏光の区別はなくなるので，(a)(b)2 つの場合は一致し，

$$R = \left(\frac{n_1 - n_2}{n_1 + n_2}\right)^2, \quad T = \frac{4 n_1 n_2}{(n_1 + n_2)^2} \quad (13.27)$$

となる．つまり屈折率の比が 1 からずれるほど反射率は増加し，透過率は減少する．

例題 26 の発展問題

26-1. 波長 590 nm の黄色の光に対して水の屈折率は $n = 1.33$，ダイヤモンドの屈折率は $n = 2.42$ である．真空中からそれぞれの媒質に垂直に入射した光に対して，反射率 R と透過率 T を求めよ．

例題27 界面での屈折と反射に関する性質

上で挙げた反射率の性質を調べよう．例として，$n_2/n_1 = 1.5$ および $n_1/n_2 = 1.5$ の場合の反射率 R の，入射角 θ_I 依存性を図示した．この図13.2 に現れている特徴的な入射角について以下の問いに答えよ．

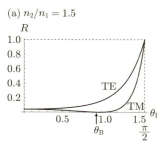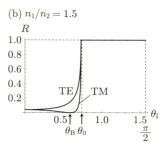

図 13.2: (a)$n_2/n_1 = 1.5$，および (b)$n_1/n_2 = 1.5$ の場合の反射率 R．横軸 θ_I は入射角．

(1) $n_2 < n_1$ の場合は，入射角がある角度 θ_0 以上になると透過する波はなくすべて反射する．この角度 θ_0 を求めよ．この現象を**全反射**という．

(2) ある入射角 θ_B では，電場ベクトルが入射平面に沿った方向の場合（TM 偏光，p 偏光）には，反射率がゼロとなって，反射光は電場ベクトルが入射平面に垂直な直線偏光（TE 偏光，s 偏光）になる．この角度 θ_B をブリュースター角と呼ぶ．この角度 θ_B を求めよ．

考え方

計算はそれほど難しくないので，むしろこの結果の持つ物理的な意味を理解しておきたい．

解答

(1) スネルの法則 $\sin\theta_\mathrm{T} = \frac{n_1}{n_2}\sin\theta_\mathrm{I}$ から，入射角が大きくなり $\sin\theta_\mathrm{I} > \frac{n_2}{n_1}(< 1)$ となると，スネルの法則を満たす透過波の波数がないので，透過する波はなく全反射が起こる．したがって，それが起こるための入射角の最小値 θ_0 は $\sin\theta_0 = \frac{n_2}{n_1}$ で与えられる．

ワンポイント解説

(2) 式 (13.25) がゼロとなるのは，$\frac{n_1}{n_2} = \frac{\cos\theta_{\mathrm{I}}}{\cos\theta_{\mathrm{T}}}$ であるが，これはスネルの法則より $\frac{\sin\theta_{\mathrm{T}}}{\sin\theta_{\mathrm{I}}}$ にも等しい．これから

$$\sin\theta_{\mathrm{T}}\cos\theta_{\mathrm{T}} = \sin\theta_{\mathrm{I}}\cos\theta_{\mathrm{I}} \;\rightarrow\; \sin 2\theta_{\mathrm{T}} = \sin 2\theta_{\mathrm{T}} \tag{13.28}$$

よって $\theta_{\mathrm{T}} = \theta_{\mathrm{I}}$ ないし $\theta_{\mathrm{T}} = \frac{\pi}{2} - \theta_{\mathrm{I}}$ であるが，前者はスネルの法則に反するので，$\theta_{\mathrm{T}} = \frac{\pi}{2} - \theta_{\mathrm{I}}$ が得られる．このときは，$\cos\theta_{\mathrm{I}} = \sin\theta_{\mathrm{T}}$ であるためスネルの法則を用いて，ブリュースター角は $\tan\theta_{\mathrm{B}} = \frac{n_2}{n_1}$ となる．このときは $\theta_{\mathrm{T}} = \frac{\pi}{2} - \theta_{\mathrm{I}}$ から透過光と反射光とは互いに垂直の向きに進む．

例題 27 の発展問題

27-1. 例題 26 で計算した TE 偏光，TM 偏光での電場の振幅は

$$\text{TE}: \frac{\mathcal{E}_{\mathrm{R}}}{\mathcal{E}_{\mathrm{I}}} = -\frac{\sin(\theta_{\mathrm{I}} - \theta_{\mathrm{T}})}{\sin(\theta_{\mathrm{I}} + \theta_{\mathrm{T}})}, \quad \frac{\mathcal{E}_{\mathrm{T}}}{\mathcal{E}_{\mathrm{I}}} = \frac{2\sin\theta_{\mathrm{T}}\cos\theta_{\mathrm{I}}}{\sin(\theta_{\mathrm{I}} + \theta_{\mathrm{T}})}$$

$$\text{TM}: \frac{\mathcal{E}_{\mathrm{R}}}{\mathcal{E}_{\mathrm{I}}} = -\frac{\tan(\theta_{\mathrm{I}} - \theta_{\mathrm{T}})}{\tan(\theta_{\mathrm{I}} + \theta_{\mathrm{T}})}, \quad \frac{\mathcal{E}_{\mathrm{T}}}{\mathcal{E}_{\mathrm{I}}} = \frac{2\sin\theta_{\mathrm{T}}\cos\theta_{\mathrm{I}}}{\sin(\theta_{\mathrm{I}} + \theta_{\mathrm{T}})\cos(\theta_{\mathrm{I}} - \theta_{\mathrm{T}})},$$

と書くことができることを示せ．これをフレネルの式という．なおこの式で，$\theta_{\mathrm{I}} + \theta_{\mathrm{T}} = \pi/2$ とおくと，TM 偏光について $\mathcal{E}_{\mathrm{R}} = 0$ となり，反射波は TE 偏光のみになることが分かる．これはちょうど例題 27 で扱った，入射角がブリュースター角の場合に他ならない．

例題 28　導体表面での電磁波の透過・反射

例題 7 では完全導体を考えたが，ここでは伝導率 σ が有限の導体を考えよう．この導体の誘電率を ε，透磁率を μ とし，さらに $\delta = \sqrt{\frac{2}{\sigma\omega\mu}}$ は，各周波数 ω での導体の表皮厚さである．こうした導体中の電磁波は例題 5 で扱っている．簡単のため，例題 5(3) で行ったように $\frac{\omega\varepsilon}{\sigma} \ll 1$ とみなせると仮定する．$z \geq 0$ の領域にこの導体があり，$z < 0$ の領域は真空とする．真空の領域に $+z$ 向きに電磁波が伝播し，導体表面 $z = 0$ に入射する．入射波は真空中では x 方向に直線偏光した電磁波であり，複素表示で $\mathbf{E}_\mathrm{I} = (E_\mathrm{I} e^{i(\omega t - kz)}, 0, 0)$ $(\omega > 0, k > 0)$ とし，E_I は実とする．反射波，透過波はそれぞれ

$$\mathbf{E}_\mathrm{R} = (E_\mathrm{R} e^{i(\omega t + kz)}, 0, 0), \quad \mathbf{E}_\mathrm{T} = (E_\mathrm{T} e^{i(\omega t - (1-i)z/\delta)}, 0, 0)$$

となる．ただし以下の問いに答えよ．
(1) 導体表面での電場の境界条件を書き下せ．
(2) 導体表面での磁場の境界条件を書き下せ（ここでは例題 7 と異なり，表面に沿う方向の磁場成分は表面をはさんで連続となる）．
(3) E_R, E_T を E_I で表せ．
(4) 反射率 R および透過率 T を求めよ．

考え方

これまでも説明してきたように，計算は複素表示で行うと楽である．

‖解答‖

(1) 面 $z = 0$ の両側で，電場の xy 面方向の成分は連続であり，そのためには $E_\mathrm{R} + E_\mathrm{I} = E_\mathrm{T}$

(2) マクスウェル方程式から

$$\mathbf{B}_\mathrm{I} = (0, \frac{1}{c} E_\mathrm{I} e^{i(\omega t - kz)}, 0)$$

$$\mathbf{B}_\mathrm{R} = (0, -\frac{1}{c} E_\mathrm{R} e^{i(\omega t + kz)}, 0)$$

$$\mathbf{B}_\mathrm{T} = (0, \frac{1-i}{\omega\delta} E_\mathrm{T} e^{i(\omega t - (1-i)z/\delta)}, 0)$$

ワンポイント解説

磁場の y 成分が表面をはさんで連続なので，$(B_{\mathrm{R},y} + B_{\mathrm{I},y})/\mu_0 = B_{\mathrm{T},y}/\mu$. よって
$$\frac{1}{c\mu_0}(E_\mathrm{I} - E_\mathrm{R}) = \frac{1-i}{\omega\delta\mu}E_\mathrm{T}$$

(3) (2) から
$$E_\mathrm{I} - E_\mathrm{R} = \frac{(1-i)c\mu_0}{\omega\delta\mu}E_\mathrm{T} \equiv \frac{(1-i)}{2\eta}E_\mathrm{T}$$

ただし $\eta \equiv \frac{\omega\delta\mu}{2c\mu_0} = \sqrt{\frac{\varepsilon_0\omega\mu}{2\mu_0\sigma}}$ である．これと (1) の結果を連立すると
$$E_\mathrm{R} = \frac{2\eta - 1 + i}{2\eta + 1 - i}E_\mathrm{I}, \quad E_\mathrm{T} = \frac{4\eta}{2\eta + 1 - i}E_\mathrm{I}$$

(4) 反射率 R は
$$R = \left|\frac{E_\mathrm{R}}{E_\mathrm{I}}\right|^2 = \frac{1 - 2\eta + 2\eta^2}{1 + 2\eta + 2\eta^2}$$

透過率 T は
$$T = 1 - R = \frac{4\eta}{1 + 2\eta + 2\eta^2}$$

なおここでの η は，例えば $\mu \sim \mu_0$ とすると $\eta \sim \sqrt{\frac{\varepsilon_0\omega}{2\sigma}}$ となって，問題文の仮定より $\eta \ll 1$ となり，反射率は 1 に非常に近い．

例題 28 の発展問題

28-1. 例題 28 において伝導率 σ を無限大とする完全導体の極限で，例題 7 の結果を再現することを確かめよ．

例題29 一軸性結晶内の電磁波の伝播

以下では内容のまとめで述べた，主軸方向の電場に対する屈折率が $n_x = n_y \neq n_z$ となる一軸性結晶を考えよう．ただし透磁率は真空中と同じ μ_0 とする．

(1) まず光の伝播方向が主軸に平行な場合を考える．例えば式 (13.11) で x 軸方向に伝播する光を考えるとき，偏光方向（電場方向）が y 軸方向の場合と z 軸方向の場合での光の速度をそれぞれ求めよ．

(2) 今度は，偏光が yz 平面内で $(0,1,1)$ の方向にある直線偏光が x 軸方向に伝播しているときにどのようなことが起こるか．

(3) 次は伝播方向が主軸に沿っていない場合を考える．マクスウェル方程式において場が $e^{i(\omega t - \mathbf{k}\cdot\mathbf{r})}$ に比例すると仮定することで，次式を導け．$\boldsymbol{\varepsilon}$ は誘電率テンソルである．

$$\mathbf{k} \times (\mathbf{k} \times \mathbf{E}) + \omega^2 \mu_0 \boldsymbol{\varepsilon} \mathbf{E} = 0 \tag{13.29}$$

(4) 特に一軸性結晶で $n_x = n_y = n_\mathrm{o}$, $n_z = n_\mathrm{e}$ とすると，式 (13.29) は

$$\begin{pmatrix} \frac{n_\mathrm{o}^2 \omega^2}{c^2} - k_y^2 - k_z^2 & k_x k_y & k_x k_z \\ k_x k_y & \frac{n_\mathrm{o}^2 \omega^2}{c^2} - k_x^2 - k_z^2 & k_y k_z \\ k_x k_z & k_y k_z & \frac{n_\mathrm{e}^2 \omega^2}{c^2} - k_x^2 - k_y^2 \end{pmatrix} \begin{pmatrix} E_x \\ E_y \\ E_z \end{pmatrix}$$

$$= \begin{pmatrix} 0 \\ 0 \\ 0 \end{pmatrix} \tag{13.30}$$

となる．これを用いて，波数 $\mathbf{k}$ が xz 面内，$\mathbf{k} = (k_x, 0, k_z)$ とした場合に波数ベクトルと周波数の関係を求めよ．

(5) (4) では2種類の偏光状態が現れる．それぞれの偏光の伝播の仕方について簡単に説明せよ．

考え方

伝播の際の偏光状態の変化や，また以下に示す異常波の伝播など，真空中の電磁波とはかなり異なる複雑な振る舞いを示すので，その機構を理解しておきたい．

解答

(1) 偏光方向（電場方向）が y 方向の場合は光の速度は $\frac{1}{\sqrt{\varepsilon_y \mu_0}} = c/n_y$，$z$ 方向の場合は光の速度は $\frac{1}{\sqrt{\varepsilon_z \mu_0}} = c/n_z$ となる．

(2) 偏光方向により光の速度が異なるため，光は伝播しながらその偏光状態が変化する．例えば yz 平面で 45 度方向の偏光方向を持つ直線偏光を x 軸方向に入射させるとすると，これは y 偏光と z 偏光との同位相の重ね合わせであるが，これが伝播するときには y 偏光と z 偏光とは，それらの速度差のために位相が次第にずれてくる．そのため伝播すると一般には楕円偏光状態となる．式で書くと

$$E_y = E^{(0)} \cos\omega \left(t - \frac{n_y}{c} x\right), \quad (13.31)$$

$$E_z = E^{(0)} \cos\omega \left(t - \frac{n_z}{c} x\right) \quad (13.32)$$

となる．y 偏光と z 偏光とは位相が $\Delta\theta = \omega \left(\frac{n_y}{c} - \frac{n_z}{c}\right) x$ だけ異なる．この位相差が 2π 増加するのにかかる距離は $l = 2\pi / \left\{\omega \left(\frac{n_y}{c} - \frac{n_z}{c}\right)\right\}$ である（なお以下では例として $n_y > n_z$ とする）．$x = 0$ では両者は同位相で偏光面は平面 $y = z$ に沿っている直線偏光だが，$x = l/4$ では右円偏光，$x = l/2$ では両者は逆位相で偏光面は平面 $y = -z$ に沿っている直線偏光，$x = 3l/4$ では左円偏光となり，$x = l$ でちょうど $x = 0$ と同様の直線偏光に戻る．

(3) マクスウェル方程式

$$\nabla \times \mathbf{H} = \mathbf{j} + \frac{\partial \mathbf{D}}{\partial t}, \quad \nabla \times \mathbf{E} = -\frac{\partial \mathbf{B}}{\partial t} \quad (13.33)$$

において場が $e^{i(\omega t - \mathbf{k}\cdot\mathbf{r})}$ に比例すると仮定し，さらに $\mathbf{j} = 0$，$\mathbf{B} = \mu_0 \mathbf{H}$ とすると $\mathbf{k} \times \mathbf{H} = -\omega \mathbf{D}$，$\mathbf{k} \times \mathbf{E} = \omega \mu_0 \mathbf{H}$ となる．これらと $\mathbf{D} = \boldsymbol{\varepsilon} \mathbf{E}$ より

ワンポイント解説

$$\mathbf{k} \times (\mathbf{k} \times \mathbf{E}) + \omega^2 \mu_0 \boldsymbol{\varepsilon} \mathbf{E} = 0 \qquad (13.34)$$

を得る．

(4) $\mu_0 \boldsymbol{\varepsilon}$ は対角要素が n_i^2/c^2 である対角行列で表されることを用いると式 (13.30) が得られる．式 (13.30) において $\mathbf{k} = (k_x, 0, k_z)$ とおいた式が自明でない解を持てばよいので，(a) $\mathbf{E}$ は y 軸方向で $k_x^2 + k_z^2 = n_\mathrm{o}^2 \frac{\omega^2}{c^2}$，もしくは，(b) $\mathbf{E}$ は xz 面内で $k_x^2 n_\mathrm{o}^2 + k_z^2 n_\mathrm{e}^2 = n_\mathrm{e}^2 n_\mathrm{o}^2 \frac{\omega^2}{c^2}$ が得られる．したがって波数 $\mathbf{k}$ は図 13.3 に示す円 (a) または楕円 (b) の周上にある．

屈折率 $n = c/v = ck/\omega$ について考えると，(a) は波数 $\mathbf{k}$ に依存せず一定の屈折率 n_o を持ち，**正常波**と呼ばれる．また (b) は波数ベクトルの向きに依存して屈折率が n_o から n_e まで変化し，**異常波**と呼ばれる．

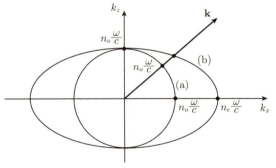

図 13.3: 一軸性結晶で，光学軸と平行でない伝播方向の場合の，屈折率 n の波数 $\mathbf{k}$ 依存性．

・特に $\mathbf{k}$ が x 軸方向とすると (1) の結果を再現する．

(5) 正常波については式 (13.30) から $\mathbf{E}$ は y 軸に平行であり，$\mathbf{D}$ もそれに平行である．すなわち光学軸（z 軸）と波数 $\mathbf{k}$ の両方に垂直である．磁場 $\mathbf{H}$ は電場 $\mathbf{E}$ と波数 $\mathbf{k}$ の両方に垂直であり，そのためポインティングベクトル $\mathbf{S} = \mathbf{E} \times \mathbf{H}$ と波数 $\mathbf{k}$ とは平行

である．一方で異常波については式 (13.30) から $\mathbf{E}$ は xz 面内であり，$\mathbf{D}$ は $\mathbf{E}$ と平行にはならない．これらのベクトルは光学軸（z 軸）と波数 $\mathbf{k}$ とが作る平面内にあり，異常波についてはポインティングベクトル $\mathbf{S}$ と波数 $\mathbf{k}$ とが平行ではない．等位相面は $\mathbf{k}$ に垂直であるので，等位相面とポインティングベクトルとは垂直ではないことになる．

なおこの場合は例えば真空中から一軸性媒質に光が入射すると，入射波の偏光に応じて正常波と異常波とに分れて媒質中を進む．例えば媒質界面に垂直に入射すると，正常波はそのまま界面に垂直に進んでいくが，異常波はそれとは異なる向きに進んでいくことになり，2 つの光線に分かれる．これを複屈折といい，方解石などで見られる（図 13.4）．

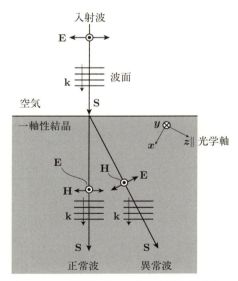

図 13.4: 一軸性媒質への光の入射と複屈折．

例題 29 の発展問題

29-1. 例題 29 の理解を深めるために,具体的に計算してみよう. (4) での一軸性結晶で $n_x = n_y = n_\mathrm{o} = 4/3$, $n_z = n_\mathrm{e} = 1$ とする.このときに,$\mathbf{k} \| (1, 0, 1)$ という,主軸と異なる方向に伝播する電磁波について,その速度の値,および電場,磁束密度,ポインティングベクトルの向きを計算せよ.透磁率は真空中と同じ μ_0 とする.

例題 30 　強磁性体のファラデー効果

例えば強磁性体での電磁波を考える．強磁性体では，電束密度と電場との関係が一般に $\mathbf{D} = \varepsilon \mathbf{E} + i(\mathbf{E} \times \mathbf{g})$ となる．ただし $\mathbf{g}$ は磁化に比例しているベクトルである．以下では特に $\mathbf{g} = (0, 0, g)$ とし，さらに電磁波としては $+z$ 向きに進行する平面波を考える．周波数 ω の電磁波を考え，その周波数での透磁率を μ とする．

(1) 周波数 ω，波数 k であるような平面波の電場ベクトル $\mathbf{E}$ の満たすべき方程式を求めよ．
(2) 右円偏光，左円偏光それぞれの速さ v_R, v_L を求めよ．
(3) x 方向に直線偏光している角周波数 ω の光を入射させたとき，距離 l だけ進むと偏光はどのようになるか．

‖解答‖

(1) マクスウェル方程式で $\mathbf{B} = \mu \mathbf{H}$ とし，場はすべて $e^{i(\omega t - kz)}$ の依存性を持つことを考慮すると

$$D_z = 0, \ H_z = 0, \quad (13.35)$$

$$\hat{z} \times \mathbf{E} = \frac{\omega}{k} \mu \mathbf{H}, \quad (13.36)$$

$$\hat{z} \times \mathbf{H} = -\frac{\omega}{k} \mathbf{D} \quad (13.37)$$

ここで $\mathbf{D} = \varepsilon \mathbf{E} + ig(\mathbf{E} \times \hat{z})$ となる．これらから $E_z = 0$ もいえて，$\mathbf{E} = (E_x, E_y, 0) e^{i(\omega t - kz)}$ と書くと，$\mathbf{D} = (\varepsilon E_x + ig E_y, \varepsilon E_y - ig E_x, 0) e^{i(\omega t - kz)}$. したがって，式 (13.37) に入れると，$\mathbf{H} = \frac{\omega}{k}(-\varepsilon E_y + ig E_x, \varepsilon E_x + ig E_y, 0) e^{i(\omega t - kz)}$ である．これらを式 (13.36) に代入すると

$$\begin{pmatrix} k^2 - \mu \varepsilon \omega^2 & -i \mu g \omega^2 \\ i \mu g \omega^2 & k^2 - \mu \varepsilon \omega^2 \end{pmatrix} \begin{pmatrix} E_x \\ E_y \end{pmatrix} = 0 \quad (13.38)$$

(2) (1) の方程式が自明でない解を持つ条件は

$$k^2 - \mu \varepsilon \omega^2 = \pm \mu g \omega^2 \quad (13.39)$$

ワンポイント解説

であり，複号のプラスは $E_y = -iE_x$ で左円偏光，マイナスは $E_y = iE_x$ で右円偏光に相当する．それぞれに対して，

$$\frac{\omega}{k} = \frac{1}{\sqrt{\mu(\varepsilon \pm g)}} \tag{13.40}$$

となりこれが速度である．つまり左円偏光，右円偏光の速さはそれぞれ

$$v_\mathrm{L} = \frac{1}{\sqrt{\mu(\varepsilon + g)}}, \quad v_\mathrm{R} = \frac{1}{\sqrt{\mu(\varepsilon - g)}} \tag{13.41}$$

となる．

(3) 直線偏光は，右円偏光と左円偏光との重ね合わせで表される．距離 l を進む間に，左円偏光，右円偏光が獲得する位相はそれぞれ $\theta_\mathrm{L} = (l/v_\mathrm{L}) \cdot \omega, \theta_\mathrm{R} = (l/v_\mathrm{R}) \cdot \omega$ なので，その差は $\Delta\theta = \theta_\mathrm{L} - \theta_\mathrm{R} = \omega l(\sqrt{\mu(\varepsilon + g)} - \sqrt{\mu(\varepsilon - g)})$ となる．直線偏光が入射したときの偏光面の回転角は $\Delta\theta/2$ となる（発展問題 30-1 を参照）．このように強磁性体中を直線偏光が伝播すると，磁化と波数ベクトルとの相対的な向きに応じて偏光面が回転する．この効果をファラデー効果という．

　他の例を考えよう．水晶の結晶や，グルコースの溶液などは，物質自身の構造に鏡映対称性がない，すなわち結晶構造を鏡に移した像は元とは異なる結晶構造になる．これは，水晶などはその螺旋状の結晶構造により，グルコースは不斉炭素原子の存在による．そのために電束密度と電場の関係も変化し，$\mathbf{D} = \varepsilon\mathbf{E} + ig(\mathbf{E} \times \hat{k})$ のように表される．強磁性体の場合と類似しているが，強磁性体の場合は $\mathbf{g}$ が磁化に比例していたのに対して，今の場合は $\hat{k}$ が入っていて電磁波の進む向きによることである．この場合 g は結晶構造で決まる．このときに，例題 30 にな

らって計算すると，やはりこの場合も直線偏光を入れたときに偏光面が回転する．これを**旋光性**もしくは**光学活性**という．ファラデー効果と光学活性は，ともに直線偏光の偏光面を回転させるという点では共通しているが，質的な違いがある．例えば物質の中を通り抜けた光を鏡を使って反射させて，もう一度同じ経路を逆向きに透過させるとすると，ファラデー効果の場合は偏光面の回転角が $\theta + \theta = 2\theta$ と2倍になるが，光学活性の場合は回転角がキャンセルして $\theta - \theta = 0$ となる．これは，電束密度と電場の関係式に加わる項が，光学活性の場合は波数ベクトルの向き $\hat{k}$ に依存するのに対し，ファラデー効果の場合は依存しないためである．

例題 30 の発展問題

30-1. 例題 30 で考えた，強磁性体中の電磁波のファラデー効果について引き続き考え，偏光面の回転についてこの発展問題で補足しておく．$+z$ 向きに伝播する波については，$\mathbf{E} \propto (1, -i, 0)$ が左円偏光，$\mathbf{E} \propto (1, i, 0)$ が右円偏光となることを考慮して次の問いに答えよ．

(1) 仮に $\mathbf{E} = (E_0, 0, 0)e^{i\omega t}$ という偏光ベクトルを持つ電磁波が $z = 0$ に入射したとする．これは

$$\mathbf{E} = (E_0/2)(1, -i, 0)e^{i\omega t} + (E_0/2)(1, i, 0)e^{i\omega t}$$

と書かれるので，左円偏光と右円偏光の重ね合わせである．これが距離 l 進む間に得る位相の差を考慮して，$z = l$ での偏光がどのようになっているか計算せよ．

(2) 磁化の向きはそのままとし，電磁波の伝播方向が $-z$ となった場合を考える．(1) と同様に $z = 0$ で $\mathbf{E} = (E_0, 0, 0)e^{i\omega t}$ という偏光ベクトルを持っていたとして，距離 l だけ伝播して $z = -l$ に到達したときの偏光はどうなるか述べよ．

A 巻末付録

《E-H 対応と E-B 対応》

　電磁気学では磁場の表現方法に 2 通りあって，E-H 対応と E-B 対応と呼ばれている．教科書によってどちらを採用しているかが異なるが，本書では E-H 対応をとっている．E-H 対応では磁場 H を出発点として考え，一方の E-B 対応では磁束密度 B を出発点として考える．E-H 対応では H は磁場，B は磁束密度と呼ばれる．E-B 対応でもこのような呼び方をする本もあれば，一方では H を「磁場の強さ」，B を磁場と呼ぶことがある．

　実は電磁気学から進んで，量子力学，相対論，あるいは固体物理学になると，磁束密度 B のほうがより基本的な量であり，B を用いて記述したほうがよいことがわかる．本書で扱っている内容に関連した相違点を述べると，E-H 対応では磁荷を仮定して磁気双極子を構成するのに対して，E-B 対応では磁荷を導入せず，小さな環状電流を導入してそれが磁気双極子であると考える．第 8 章で述べたとおり単一の磁荷は存在しないので，そのことからも E-B 対応のほうがより本質的であることがわかっている．

　なお E-H 対応と E-B 対応とで物理量の計算を行うと，結果は一致する．すなわち物理現象の記述としては等価である．E-B 対応は量子力学や相対論への移行が自然に行える一方，E-H 対応では電気に関する公式と磁気に関する公式がまったく同じ形になり，わかりやすく覚えやすいという利点がある．本書は初学者向け教科書として，まずは基本的な公式を理解し，覚えて，使えるようになることを目標としているため，本書では E-H 対応をとっている．E-B 対応を採用している書籍と対照するときはその点を注意いただきたい．

B 発展問題の解答

1-1

ここまでの計算では場の量はすべて複素数で扱ったが，これは便宜的なものであり，実際の場の量はこれらの実部で表されることに注意する．

(1) $\mathbf{B}$ は z 成分のみを持つ．その値はマクスウェル方程式から

$$B_z = \sqrt{\varepsilon_0 \mu_0} E_0 \cos(\omega t - kx) \tag{B.1}$$

(2) (1) の $\mathbf{B}$ を用いれば，

$$u = \frac{\varepsilon_0}{2} E^2 + \frac{1}{2\mu_0} B^2 = \varepsilon_0 E_0{}^2 \cos^2(\omega t - kx) \tag{B.2}$$

時間平均を取ると $\langle u \rangle = \frac{1}{2}\varepsilon_0 E_0{}^2$．

(3) ポインティングベクトルの式から，$\mathbf{S}$ は x 方向を向いていて，

$$S_x = E_y H_z = \sqrt{\frac{\varepsilon_0}{\mu_0}} E_0{}^2 \cos^2(\omega t - kx) \tag{B.3}$$

時間平均を取ると $\langle \mathbf{S} \rangle = \frac{1}{2}\sqrt{\frac{\varepsilon_0}{\mu_0}} E_0{}^2 (1,0,0)$．

(4) 運動量密度 $\mathbf{g}$ は，やはり x 方向を向いている．

$$g_x = D_y B_z = \varepsilon_0 \sqrt{\varepsilon_0 \mu_0} E_0{}^2 \cos^2(\omega t - kx) \tag{B.4}$$

時間平均を取ると $\langle \mathbf{g} \rangle = \frac{1}{2}\varepsilon_0 \sqrt{\varepsilon_0 \mu_0} E_0{}^2 (1,0,0)$．

(5) 物体表面で完全反射する場合，単位時間に単位面積あたりに入射する運動量は，平均して $\mathbf{P} = c\langle \mathbf{g} \rangle = \frac{\varepsilon_0 E_0{}^2}{2}\hat{x}$．この電磁波が $-\mathbf{P}$ の運動量で反射するため，差し引き $2\mathbf{P}$ の力積を単位時間に単位面積あたり物体に与える．そのため圧力は $2|\mathbf{P}| = \varepsilon_0 E_0{}^2$ になる．

なお参考のため，鏡の代わりに電磁波が垂直入射し，完全に吸収される（黒体）場合を考えると，単位時間に単位面積に入射する運動量は $\mathbf{P} =$

$\frac{\varepsilon_0|\mathbf{E}_0|^2}{2}\hat{x}$ であり,それが完全に吸収されるので,圧力は $|\mathbf{P}| = \frac{\varepsilon_0 E_0{}^2}{2}$.

1-2

(1) 電場・磁場の振幅をそれぞれ E_0, H_0 として,$\langle S \rangle = E_0 H_0/2$, $H_0 = \sqrt{\varepsilon_0/\mu_0}E_0$ により計算する.$E_0 = 1.0 \times 10^3$ V/m, $H_0 = 2.7 \times 10^0$ A/m, $\langle u \rangle = \langle S \rangle/c = 4.7 \times 10^{-6}$ J/m^3,$\langle g \rangle = \langle u \rangle/c = 1.6 \times 10^{-14}$ kg/m^{2}s である.

(2) 物体が単位面積・単位時間あたりに受ける運動量は,光を完全に吸収すれば,$c\langle g \rangle = \langle u \rangle$ であるから,与える圧力は 4.7×10^{-6} Pa である.完全反射の場合は,光の運動量の向きを変えるので,運動量変化は入射運動量の 2 倍である.したがって,輻射圧は完全吸収のときの 2 倍となり,9.3×10^{-6} Pa である.

2-1

電荷はすべて導体球の表面に一様に分布する.球対称性から,球の中心から距離 r ($r > a$) の点での電場は,球の中心から放射方向となっており,その強さは距離 r のみに依存する.それを $E(r)$ とおくと,半径 r の球面上でガウスの法則を適用して $\varepsilon_0 E(r) \cdot 4\pi r^2 = Q$ なので,$E(r) = \frac{Q}{4\pi\varepsilon_0 r^2}$.よって表面上での電場の強さは $E(a) = \frac{Q}{4\pi\varepsilon_0 a^2}$.

また球の中心から距離 r ($r > a$) の点での電位 $\phi(r)$ は

$$\phi(r) = \int_r^\infty E(r)dr = \frac{Q}{4\pi\varepsilon_0 r} \tag{B.5}$$

なので,球の表面の電位は $\phi(a) = \frac{Q}{4\pi\varepsilon_0 a}$.なお導体球はすべて等電位なので,導体球の電位は $\frac{Q}{4\pi\varepsilon_0 a}$.

2-2

A, B それぞれに電荷 $-Q$ と Q を与えたとする.導体球 B に与えられた電荷 Q はその表面上に一様に分布する.中心 O から距離 r ($c < r < b$) の点での電場の強さ $E(r)$ は,ガウスの法則により $4\pi r^2 \varepsilon_0 E(r) = Q$,$E(r) = \frac{Q}{4\pi\varepsilon_0 r^2}$ (これは真空中で,点 O に点電荷 Q があるときの電場の強さの分布と同じである).すなわち A と B の電位差は

$$V_{\mathrm{AB}} = \frac{Q}{4\pi\varepsilon_0}\int_c^b \frac{1}{r^2} = \frac{Q}{4\pi\varepsilon_0}\left[\frac{1}{c} - \frac{1}{b}\right] \tag{B.6}$$

である.したがって電気容量は

$$C = \frac{Q}{V_{AB}} = \frac{4\pi\varepsilon_0 bc}{b-c} \tag{B.7}$$

である（ところで $b \to \infty$ とすると $C = \frac{Q}{V_{AB}} = 4\pi\varepsilon_0 c$ となり，これは孤立した導体球の電気容量を表している）．

3-1

電流密度は，電流の向きに垂直な面の単位面積あたりの電流であることに注意する．

(1) 電流密度は $j_x = I/(bd)$, $j_y = 0$. よって電場 **E** は

$$\mathbf{E} = \hat{\rho}\mathbf{j} = \begin{pmatrix} \rho_{xx} & \rho_{xy} \\ -\rho_{xy} & \rho_{xx} \end{pmatrix} \begin{pmatrix} \frac{I}{bd} \\ 0 \end{pmatrix} = \begin{pmatrix} \frac{\rho_{xx}I}{bd} \\ -\frac{\rho_{xy}I}{bd} \end{pmatrix} \tag{B.8}$$

である．

(2) x, y 方向の電圧降下はそれぞれ，$V_x = E_x a = \frac{\rho_{xx}Ia}{bd}$, $V_y = E_y b = -\frac{\rho_{xy}I}{d}$.

(3) $R = V_x/I = \frac{a}{bd}\rho_{xx}$, $R_H = V_y/I = -\frac{1}{d}\rho_{xy}$.

(4) 単位体積あたりの消費電力は $\mathbf{j} \cdot \mathbf{E} = \frac{1}{b^2 d^2}\rho_{xx}I^2$. よって平板全体の消費電力は，これに体積 abd をかけて，$\frac{a}{bd}\rho_{xx}I^2$. なおこれは RI^2 に等しい．つまりホール効果は消費電力には寄与を与えない．これはホール電流は電場に垂直なために，ホール電流と電場の内積がゼロであることから来る．

4-1

(1) 例題 4 と同様に考えれば，導体表面 $z = 0$ に対して，直線 ℓ と鏡映の位置 $\ell' : x = 0, z = -a$ に，線密度 $-\lambda$ で鏡像電荷が分布しているとすれば，真空の領域での電位，電場分布が求められる．まず，無限に長い直線に線密度 λ で電荷が分布している場合，ガウスの法則より，そこから r だけ離れた点での電場の強さは $\frac{\lambda}{2\pi\varepsilon_0 r}$ であり，直線から放射状となっている．ℓ 上の電荷が作る電場は

$$\frac{\lambda}{2\pi\varepsilon_0\sqrt{x^2+(z-a)^2}}\frac{(x,0,z-a)}{\sqrt{x^2+(z-a)^2}} = \frac{\lambda(x,0,z-a)}{2\pi\varepsilon_0(x^2+(z-a)^2)}$$

であり，ℓ' 上の電荷が作る電場も同様に計算すると，電場の総和は $z > 0$ では

$$\mathbf{E}(x,y,z) = \frac{\lambda(x,0,z-a)}{2\pi\varepsilon_0(x^2+(z-a)^2)} - \frac{\lambda(x,0,z+a)}{2\pi\varepsilon_0(x^2+(z+a)^2)}.$$

なおこの電場は，導体表面 $(z = 0)$ ではちょうど表面に垂直方向であるの

で，境界条件（すなわち導体表面は等電位で，それは電気力線と垂直）と合致している．

(2) (1) から導体表面の点 $P(x, y, 0)$ での電場は

$$\mathbf{E}(x, y, 0) = \frac{\lambda}{\pi \varepsilon_0 (x^2 + a^2)}(0, 0, -a)$$

である．また導体内部では電場はゼロであるので，この点 P を内部に含み，底面が xy 平面に平行な小さな柱体を考えてガウスの法則を適用すれば，この点での電荷密度 $\sigma(x, y)$ は

$$\sigma(x, y, 0) = \varepsilon_0 E_z(x, y, 0) = \frac{-\lambda a}{\pi (x^2 + a^2)}.$$

4-2

導体球内は等電位であり電場はない．一方で，導体球の外側の電位は，点 P にある電荷 Q の点電荷と，点 R の仮想電荷 Q'，点 O の仮想電荷 $-Q'$，の 3 つの点電荷が真空中に作る電位の重ね合わせと考える（なお点 R だけでなく点 O にも仮想電荷を置く理由は，導体球全体での総電荷はゼロであるため，ガウスの法則から導体内から出る電気力線の総数はゼロでなければならず，したがって球内に置く仮想電荷の総和もゼロでないといけないためである）．

すると，導体球の外側の任意の点 S においての電位は，角 POS を θ，OS の長さを x と置いたとき，

$$\phi(S) = \frac{1}{4\pi\varepsilon_0} \left\{ \frac{Q}{\sqrt{L^2 + x^2 - 2Lx\cos\theta}} + \frac{Q'}{\sqrt{(r^2/L)^2 + x^2 - 2(xr^2/L)\cos\theta}} - \frac{Q'}{x} \right\} \tag{B.9}$$

ここで，仮想的な鏡像電荷 Q' は，導体球表面が等電位面となるように定めなければならない．つまり点 S が球面上 $(x = r)$ の場合の式

$$\phi(S) = \frac{1}{4\pi\varepsilon_0} \left\{ \frac{Q}{\sqrt{L^2 + r^2 - 2Lr\cos\theta}} + \frac{Q'}{\sqrt{(r^2/L)^2 + r^2 - 2(r^3/L)\cos\theta}} - \frac{Q'}{r} \right\}$$

$$= \frac{1}{4\pi\varepsilon_0} \frac{1}{\sqrt{L^2 + r^2 - 2Lr\cos\theta}} \left(Q + \frac{L}{r} Q' \right) - \frac{Q'}{4\pi\varepsilon_0 r} \tag{B.10}$$

が θ の値（つまり球面上での点 S の位置）によらず一定値になるとして，$Q + \frac{L}{r}Q' = 0$，$Q' = -\frac{r}{L}Q$. 電位分布は，$x \geq r$ に対して，

$$\phi(\mathrm{S}) = \frac{Q}{4\pi\varepsilon_0}\left\{\frac{1}{\sqrt{L^2 + x^2 - 2Lx\cos\theta}} - \frac{1}{\sqrt{r^2 + (Lx/r)^2 - 2Lx\cos\theta}} + \frac{r}{Lx}\right\} \quad (\mathrm{B}.11)$$

である．

導体表面には誘導電荷が現れるが，ガウスの法則よりその電荷密度は導体表面での電場の強さの ε_0 倍になる．そのため誘導電荷密度を求めるには，結局，導体表面での電場を求めればよい．導体表面では電場は表面に垂直で，その強さ（電場の，半径方向の成分）E_r は

$$\begin{aligned}
E_r(\mathrm{S}) &= -\left.\frac{\partial\phi}{\partial x}\right|_{x=r} \\
&= \frac{Q}{4\pi\varepsilon_0}\left\{\frac{x - L\cos\theta}{(L^2 + x^2 - 2Lx\cos\theta)^{3/2}} \right. \\
&\quad \left. - \frac{L^2 x/r^2 - L\cos\theta}{(r^2 + (Lx/r)^2 - 2Lx\cos\theta)^{3/2}} + \frac{r}{Lx^2}\right\}\bigg|_{x=r} \\
&= \frac{Q}{4\pi\varepsilon_0}\left\{\frac{r - L^2/r}{(L^2 + r^2 - 2Lr\cos\theta)^{3/2}} + \frac{1}{rL}\right\} \quad (\mathrm{B}.12)
\end{aligned}$$

である．したがって表面の誘導電荷密度 σ は θ のみに依存し，

$$\sigma(\mathrm{S}) = \varepsilon_0 E_r(\mathrm{S}) = \frac{Q}{4\pi r}\left\{\frac{r^2 - L^2}{(L^2 + r^2 - 2Lr\cos\theta)^{3/2}} + \frac{1}{L}\right\}. \quad (\mathrm{B}.13)$$

5-1

(1) 表皮厚さは，銅 ($\sigma = 6 \times 10^7\,\Omega^{-1}\mathrm{m}^{-1}$) の場合は，例えば，(a) 波長 600 nm の可視光については $\delta = 3\,\mathrm{nm}$，(b) 1 GHz の電波（波長 0.3 m）の場合は $\delta = 2\,\mu\mathrm{m}$ となる．この表皮厚さ程度より厚い試料は，電磁波は透過できない．このため通常の厚さの金属板は光が透過できない．この場合に実際反射率を計算してみるとほとんど 1 となり，金属は光沢を持つ（例題 28 も参照のこと）．

(2) ガラスの場合は $\sigma = 10^{-10}\,\Omega^{-1}\mathrm{m}^{-1}$ とおくと，波長が 600 nm の可視光については $\delta = 2\,\mathrm{m}$ となり，長い距離を伝播しうる．

6-1

$$\mathbf{E}(\mathbf{r}) = \left(E_0 e^{-\frac{z}{\delta}} \cos\left(\omega t - \frac{z}{\delta}\right), 0, 0 \right),$$
$$\mathbf{j}(\mathbf{r}) = \left(\sigma E_0 e^{-\frac{z}{\delta}} \cos\left(\omega t - \frac{z}{\delta}\right), 0, 0 \right),$$
$$\mathbf{H}(\mathbf{r}) = \left(0, \frac{\sqrt{2}}{\omega\mu\delta} E_0 e^{-\frac{z}{\delta}} \cos\left(\omega t - \frac{z}{\delta} - \frac{\pi}{4}\right), 0 \right)$$

ただし $\delta = \sqrt{\frac{2}{\omega\mu\sigma}}$ は表皮厚さである．これらを図示すると下図のようになる．絶縁体の場合の電磁波の伝播との違いは，第一に，導体中では電磁波は伝播しながら減衰していく点で，これは電流が流れ，そのジュール熱によりエネルギーが失われることによる．第二に，絶縁体中では電磁波の電場と磁場は位相がそろっていたが，導体中ではそれらの位相は $\frac{\pi}{4}$ だけずれていることである（これは電流 $\mathbf{j}$ と変位電流 $\frac{\partial \mathbf{D}}{\partial t}$ のどちらが効いてくるかが，両者で異なるためである）．

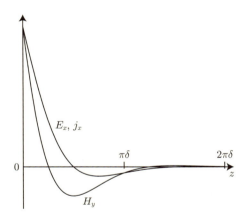

7-1

第8章の式 (8.24) に示すとおり，磁場の表面に沿った成分が面の両側で不連続の場合は，アンペールの法則より，表面に電流が流れていることが結論される．式 (8.24) を用いると，導体表面に，x 軸方向に（表面単位長さあたり）$\mathbf{j} = (\frac{2}{\mu_0 c} E_\mathrm{I} \cos \omega t, 0, 0)$ の電流密度の表面電流が流れることが結論される．なお今は $\sigma = \infty$ のため，表面電流による電場は $\mathbf{E} = \mathbf{j}/\sigma = 0$ となり，導体表面で電場がゼロになることとは矛盾しない．

7-2

入射波と反射波の干渉から，電場は表面でゼロになるので，電場によるマクスウェル応力もゼロ．磁場については，その大きさは単位面積あたり

$$\frac{1}{2}\mu_0 H^2 = \frac{2}{\mu_0 c^2} E_I^2 \cos^2 \omega t.$$

この時間平均 P は

$$P = \frac{2}{\mu_0 c^2} E_I^2 \cdot \frac{1}{2} = \varepsilon_0 E_I^2.$$

これは発展問題 1-1(5) で与えたものと一致する．

8-1

(1) 点 P での球面の法線ベクトルと **P** のなす角は θ なので，誘導表面電荷の面密度 σ は，$\sigma = P_n = P\cos\theta$．

(2) (1) のように電荷が球表面に分布したときに，点 Q に作る電位は，球面を球座標で表したときに，微小面積 $a^2 \sin\theta d\theta d\phi$ にある電荷からの寄与を足し合わせればよく，P，Q 間の距離 $\sqrt{a^2 + R^2 - 2aR\cos\theta}$ を用いて，

$$\varphi(R) = \int_0^{2\pi} d\phi \int_0^\pi d\theta \, P\cos\theta \cdot a^2 \sin\theta \cdot \frac{1}{4\pi\varepsilon_0 \sqrt{a^2 + R^2 - 2aR\cos\theta}}$$
$$= \frac{Pa^2}{2\varepsilon_0} \int_{-1}^1 ds \frac{s}{\sqrt{a^2 + R^2 - 2aRs}} = \frac{P}{8\varepsilon_0 R^2} \int_{(R-a)^2}^{(R+a)^2} dt \frac{a^2 + R^2 - t}{\sqrt{t}}$$
$$= \frac{Pa^3}{3\varepsilon_0 R^2}.$$

(3) 電荷密度 ρ で一様に正電荷が分布した球と，電荷密度 $-\rho$ で一様に負電荷が分布した球が，空間的に微小距離 ℓ だけずれて存在しているとする．このとき単位体積あたりの電気双極子モーメントは $\rho\ell$ であるので，$P = \rho\ell$ とおくことで，この問題で考えている誘電体球と等価になる．

まず正電荷の分布した球を考えると，球全体の電荷は $Q = \frac{4}{3}\pi a^3 \rho$ である．ガウスの法則より，この正電荷が作る電位は球対称で，しかも球の外側での電位分布は，球の中心に点電荷 Q がある場合の電位分布とまったく同じである．そのため，今求めたい球外の点 Q での電位については，$\pm Q$ の電荷が，原点 O に ℓ だけずれて存在している場合とまったく同じであり，それはちょうど電気双極子モーメントの大きさ $Q\ell = \frac{4}{3}\pi a^3 P$ の電

気双極子が点 O にあるときに作る電位分布と一致する．したがって電気双極子のまわりの電位分布の公式から，
$$\varphi(R) = \frac{1}{4\pi\varepsilon_0 R^3} \cdot \frac{4}{3}\pi a^3 P \cdot R = \frac{Pa^3}{3\varepsilon_0 R^2}$$
となり (2) と一致する．なお (3) より，一様に分極した球が球外に作る電位や電場の分布は，その電気双極子モーメントが球の中心に集中していると考えた場合と一致する．

9-1

電束密度は真電荷のみにより，分極電荷にはよらないことを利用すると，電束密度から先に考えるのが早道であることがわかる．

(1) ガウスの法則より $D = \sigma$．極板間は真空なので，$E = \frac{\sigma}{\varepsilon_0}$．

(2) 誘電体を極板間に差し込むと誘電体平板両側に分極電荷が生じるが，これは電束密度には影響しないので誘電体中で $D = \sigma$．すると電場の大きさ E は $E = \frac{\sigma}{\varepsilon} = \frac{\sigma}{3\varepsilon_0}$．

(3) 誘電体中の分極の大きさは $P = D - \varepsilon_0 E = \frac{2}{3}\sigma$．したがって，誘電体の表面 **a** に誘起されている電荷の面密度は，符号に注意すると $P_a = -P = -\frac{2}{3}\sigma$．

(4) 図 B.1 のとおり．(i) 電束密度のガウスの法則は真電荷のみが関係するので，2 枚の極板がそれぞれ電束線の湧き出しと吸い込みになるが，誘電体表面では電束線が湧き出したり吸い込まれたりすることはない．一方 (ii) では，(2) より誘電体中では電場が 1/3 に弱まっているため，電気力線の密度も 1/3 になる．

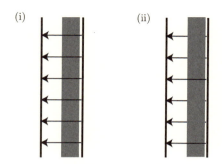

図 B.1: (i) 電束線および (ii) 電気力線の分布

10-1

(1) 極板上の電荷密度は一定値で $\sigma = Q/ab$ であり，ガウスの法則から極板間の電束密度の強さも $D = \sigma$ で一定となり，どこでも同じ値である．

(1-a) 静電エネルギーの変化は
$$\Delta U = \left(\frac{D^2}{2\varepsilon} - \frac{D^2}{2\varepsilon_0}\right) \cdot abl = \frac{-Q^2(\varepsilon - \varepsilon_0)l}{2\varepsilon\varepsilon_0 ab}. \tag{B.14}$$
$\varepsilon > \varepsilon_0$ より，誘電体が入ることによって静電エネルギーは低下する．

(1-b) エネルギーの微分から力が求められる．
$$F = -\frac{d\Delta U}{dl} = \frac{Q^2(\varepsilon - \varepsilon_0)}{2\varepsilon\varepsilon_0 ab} \tag{B.15}$$
であって，誘電体の厚さを増す向きに力が働く．

(1-c) 電気力線は誘電体平板の表面に垂直であり，それによるマクスウェル応力は，誘電体外部では $\frac{D^2}{2\varepsilon_0}$，内部では $\frac{D^2}{2\varepsilon}$ であって，ともに電気力線が縮む向きに力を及ぼす．したがって誘電体表面にかかる力は，それらの応力の差に平板の面積 ab をかけて，$\left(\frac{D^2}{2\varepsilon_0} - \frac{D^2}{2\varepsilon}\right)ab$ であり，これは (1-b) で求めた力 F に等しい．

(2-a) この場合はコンデンサの極板のうち，誘電体が入っている部分と入っていない部分とで，電荷密度が異なるようになることに注意する．誘電体が入っている部分の電荷密度を σ_1，誘電体が入っていない部分の電荷密度を σ_2 とする．この 2 つの未知数 σ_1, σ_2 は，極板の電荷の総和が Q であることと，誘電体内と誘電体外とで電場が等しい（誘電体側面での電場の連続性 (4.26)）ことから決まる．前者は $(\sigma_1 L + \sigma_2(a-L))b = Q$ と

なる．また後者については，電場が2つの領域（誘電体の入っている側と入っていない側）で共通なので，電束密度の比は誘電率の比であり，またガウスの法則から各領域での電束密度は極板の電荷密度に等しいので，$\sigma_1/\sigma_2 = \varepsilon/\varepsilon_0$ である．これらから，

$$\sigma_1 = \frac{\varepsilon Q}{\{\varepsilon L + \varepsilon_0(a-L)\}b}, \quad \sigma_2 = \frac{\varepsilon_0 Q}{\{\varepsilon L + \varepsilon_0(a-L)\}b} \tag{B.16}$$

となる．また両領域の電場は共通で

$$E = \frac{\sigma_2}{\varepsilon_0} = \frac{Q}{\{\varepsilon L + \varepsilon_0(a-L)\}b} \tag{B.17}$$

となる．このときの静電エネルギーは

$$U = \frac{1}{2}\varepsilon E^2 \cdot Lbd + \frac{1}{2}\varepsilon_0 E^2 \cdot (a-L)bd = \frac{Q^2 d}{2\{\varepsilon L + \varepsilon_0(a-L)\}b}. \tag{B.18}$$

(2-b) 誘電体に働く力 F_L の大きさは

$$F_L = -\frac{dU}{dL} = \frac{Q^2(\varepsilon - \varepsilon_0)d}{2\{\varepsilon L + \varepsilon_0(a-L)\}^2 b} \tag{B.19}$$

で，$\varepsilon > \varepsilon_0$ だから，$F_L > 0$ であって，誘電体は極板の間に引き込まれる向きに力を受ける．

(2-c) 誘電体の側面が受けるマクスウェル応力は，誘電体内部では $\frac{\varepsilon}{2}E^2$，外部では $\frac{\varepsilon_0}{2}E^2$ であり，平行に走る電気力線同士が反発しあう向きに力を及ぼす．$\varepsilon > \varepsilon_0$ なので，合力は誘電体を引き込む向きに $\left(\frac{\varepsilon}{2}E^2 - \frac{\varepsilon_0}{2}E^2\right)bd$ で (2-b) と一致（bd: 誘電体の側面積）．

10-2

分極，電場，電束密度をうまく使うことができれば簡単な問題であるが，そうでないと回り道をしてしまうかもしれない．初期状態では電束密度の強さは $\varepsilon_0 E_0$ で，エネルギー密度は $\frac{1}{2}\varepsilon_0 E_0^2$ である．

(1)(i) スイッチを開いているので，誘電体を挿入する前後でコンデンサの両極板にたまっている電荷は変化しない．つまり真電荷の分布は変化せず，そのため電束密度の強さも一定で $\varepsilon_0 E_0$．したがって電場の強さ E は，誘電率 $3\varepsilon_0$ で割ると $\frac{1}{3}E_0$．

(ii) $\frac{1}{2}\varepsilon E^2 = \frac{1}{6}\varepsilon_0 E_0^2$

(iii) エネルギー密度は $\frac{1}{2}\varepsilon_0 E_0^2$ から $\frac{1}{6}\varepsilon_0 E_0^2$ へと減少した．これは外へ正の仕事

をしたためである．誘電体にはコンデンサの中へと引き込まれる向きに力が働き，電場が誘電体へと仕事をする．

(2)(i) スイッチを閉じていると極板間の電圧が保たれるので，電場の値が一定で E_0．したがって電束密度の強さは $3\varepsilon_0 E_0$．

(ii) $\frac{1}{2}\varepsilon E_0^2 = \frac{3}{2}\varepsilon_0 E_0^2$．

(iii) エネルギー密度は $\frac{1}{2}\varepsilon_0 E_0^2$ から $\frac{3}{2}\varepsilon_0 E_0^2$ へと増加する．誘電体には前と同様にコンデンサへと引き込む力を及ぼし，電場が外へ仕事をする．電場のエネルギーの増加分と外へする仕事の両方は，電源がコンデンサに供給していることになる（つまりコンデンサに充電された電荷が増加している）．

11-1

(1) 式 (4.3)：$\rho_P = -\nabla \cdot \mathbf{P}$ を $z < 0$ において直接計算することができて，ゼロとなる．なおもっと簡便な計算方法としては，$\mathbf{P} = (\varepsilon - \varepsilon_0)\mathbf{E} = \frac{\varepsilon - \varepsilon_0}{\varepsilon}\mathbf{D}$ なので，

$$\rho_P = -\nabla \cdot \mathbf{P} = -\frac{\varepsilon - \varepsilon_0}{\varepsilon}\nabla \cdot \mathbf{D}$$

であるが，$\nabla \cdot \mathbf{D} = \rho$ は真電荷密度であり，$z < 0$ の領域でゼロなので，分極電荷密度も誘電体内部でゼロ．

(2) 表面での分極電荷密度は，表面での分極ベクトル $\mathbf{P}$ の法線方向成分（z 成分）P_z と等しい．誘電体内部 ($z < 0$) では

$$E_z(\mathbf{r}) = -\frac{\partial}{\partial z}\phi(\mathbf{r}) = \frac{1}{4\pi\varepsilon}\frac{Q''(z-a)}{(x^2+y^2+(z-a)^2)^{3/2}},$$

$$P_z(\mathbf{r}) = (\varepsilon - \varepsilon_0)E_z(\mathbf{r}) = \frac{\varepsilon - \varepsilon_0}{4\pi\varepsilon}\frac{Q''(z-a)}{(x^2+y^2+(z-a)^2)^{3/2}}.$$

したがって分極電荷密度は，$z = 0$ とおいて

$$P_z(x,y,0) = -\frac{(\varepsilon - \varepsilon_0)Qa}{2\pi(\varepsilon + \varepsilon_0)}\frac{1}{(x^2+y^2+a^2)^{3/2}}.$$

(3) 誘電体内部の分極電荷は (1) よりゼロなので，(2) の，誘電体表面の分極電荷のみ考えればよい．表面の微小面積 $dxdy$ にある電荷量は

$$-\frac{(\varepsilon - \varepsilon_0)Qa}{2\pi(\varepsilon + \varepsilon_0)}\frac{1}{(x^2+y^2+a^2)^{3/2}}dxdy$$

である．対称性から求める力は z 方向でその z 成分 F_z は

$$F_z = -\int_{-\infty}^{\infty} dx \int_{-\infty}^{\infty} dy \frac{(\varepsilon-\varepsilon_0)Qa}{2\pi(\varepsilon+\varepsilon_0)} \frac{1}{(x^2+y^2+a^2)^{3/2}} \cdot \frac{Qa}{4\pi\varepsilon_0(x^2+y^2+a^2)^{3/2}}$$

$$= -\int_0^{2\pi} d\theta \int_0^{\infty} dr\, r \frac{(\varepsilon-\varepsilon_0)Q^2 a^2}{8\pi^2\varepsilon_0(\varepsilon+\varepsilon_0)} \frac{1}{(r^2+a^2)^3} = -\int_{a^2}^{\infty} ds \frac{(\varepsilon-\varepsilon_0)Q^2 a^2}{8\pi\varepsilon_0(\varepsilon+\varepsilon_0)} \frac{1}{s^3}$$

$$= -\frac{(\varepsilon-\varepsilon_0)Q^2}{16\pi\varepsilon_0(\varepsilon+\varepsilon_0)a^2}$$

となり,これは例題 11(4) の結果と一致する.

12-1

式 (5.12),(5.13) より,

$$r \leq a: \quad \phi(x,y,z) = -\frac{3\varepsilon_0}{\varepsilon+2\varepsilon_0} E_0 z,$$

$$r \geq a: \quad \phi(x,y,z) = -E_0 z - a^3 E_0 \frac{\varepsilon_0-\varepsilon}{\varepsilon+2\varepsilon_0} \frac{z}{(x^2+y^2+z^2)^{3/2}},$$

これから $\mathbf{E} = -\nabla\phi$ により電場を求める.

$$r \leq a: \quad \phi(x,y,z) = \left(0, 0, \frac{3\varepsilon_0}{\varepsilon+2\varepsilon_0} E_0\right),$$

$$r \geq a: \quad \phi(x,y,z) = (0,0,E_0) + a^3 E_0 \frac{\varepsilon-\varepsilon_0}{\varepsilon+2\varepsilon_0} \frac{(3xz, 3yz, 3z^2-r^2)}{(x^2+y^2+z^2)^{5/2}},$$

となる.これらの解釈であるが,球内については一様な外部電場 $\mathbf{E}_0$ に対して,一様な分極から来る一様な反電場 $\mathbf{E}'$ が加わった形である.また球外については,第 1 項が一様な外部電場 $\mathbf{E}_0$,第 2 項が球の電気双極子により作られる電場であるが,第 2 項はちょうど,原点にすべての双極子モーメントが集まった場合の電場と等しい.実際,球全体の電気双極子モーメントは $\mathbf{p} = \frac{4}{3}\pi a^3 \cdot \mathbf{P} = \frac{4(\varepsilon-\varepsilon_0)\varepsilon_0}{\varepsilon+2\varepsilon_0}\pi a^3 \mathbf{E}_0$ であり,これが仮に原点に集中していると仮定すると,位置 $\mathbf{r}$ に作る電場は,

$$\frac{3(\mathbf{p}\cdot\mathbf{r})\mathbf{r} - r^2\mathbf{p}}{4\pi\varepsilon_0 r^5} = \frac{\varepsilon-\varepsilon_0}{\varepsilon+2\varepsilon_0} a^3 E_0 \frac{(3xz, 3yz, 3z^2-r^2)}{r^5}$$

となり,これは球外の電場の式の第 2 項と一致する.

13-1

(1) 電場下での陽イオン,陰イオンの運動方程式は

$$M^+ \frac{d^2}{dt^2} x^+ = -k(x^+ - x^-) + qE, \tag{B.20}$$

$$M^- \frac{d^2}{dt^2} x^- = -k(x^- - x^+) - qE \tag{B.21}$$

となる.

(2) 電気双極子モーメント $p = q(x^+ - x^-)$ についての運動方程式は, (1) から,

$$M^* \frac{d^2}{dt^2} p = -kp + q^2 E. \tag{B.22}$$

(3) 減衰項を加えた運動方程式は

$$M^* \frac{d^2}{dt^2} p = -kp - \gamma M^* \frac{d}{dt} p + q^2 E \tag{B.23}$$

となる.これより,時間変動する電場 $E \propto e^{i\omega t}$ に対しては

$$p = \frac{q^2}{k - M^*\omega^2 + i\omega M^*\gamma} E \tag{B.24}$$

となり,分極率 α は

$$\alpha(\omega) = \frac{q^2}{k - M^*\omega^2 + i\omega M^*\gamma} = \frac{q^2/M^*}{\omega_0^2 - \omega^2 + i\omega\gamma} \tag{B.25}$$

となる.ただし $\omega_0 = \sqrt{k/M^*}$ は束縛ポテンシャルによる固有周波数である.α の虚部は吸収を表しており,この固有周波数 $\omega = \omega_0$ でピークを持つ.この吸収は一般に赤外域にある.

14-1

(1) これも例題 14 とは形が違うが,配向分極とみなせる.電気双極子モーメントは $\mathbf{p} = p(1,0),\ p(-\frac{1}{2}, \frac{\sqrt{3}}{2}),\ p(-\frac{1}{2}, -\frac{\sqrt{3}}{2})$ の 3 通りの値を取り,それらのエネルギーはそれぞれ $E = -pE,\ E = \frac{1}{2}pE,\ E = \frac{1}{2}pE$ となる.したがってカノニカル分布からこれらの状態を取る確率は $e^{\beta pE}, e^{-\frac{1}{2}\beta pE}, e^{-\frac{1}{2}\beta pE}$ に比例する ($\beta = \frac{1}{k_B T}$).これから p_x の平均値は

$$\langle p_x \rangle = \frac{pe^{\beta pE} - \frac{1}{2}pe^{-\frac{1}{2}\beta pE} \cdot 2}{e^{\beta pE} + e^{-\frac{1}{2}\beta pE} \cdot 2} = p \cdot \frac{1 - e^{-\frac{3}{2}\beta pE}}{1 + 2e^{-\frac{3}{2}\beta pE}}. \tag{B.26}$$

(2) (1) の結果を近似すると

$$\langle p_x \rangle = p \cdot \frac{1 - e^{-\frac{3}{2}\beta pE}}{1 + 2e^{-\frac{3}{2}\beta pE}} \sim p \cdot \frac{3pE/(2k_BT)}{3} \sim \frac{p^2}{2k_BT}E. \tag{B.27}$$

電気感受率 χ は，$p_x = \chi E$ と表すことにより，$\chi = \frac{p^2}{2k_BT}$ と求まる．

(3) (2) の結果から，電場 $E=0$ のとき分極ゼロであり，電場をかけると電場に比例して分極が電場と同符号で出ることから，これは常誘電体．

15-1

(1) $\mathbf{P} \propto e^{i\omega t}$ として，$\mathbf{j}_P = \frac{\partial \mathbf{P}}{\partial t} = i\omega(\varepsilon - \varepsilon_0)\mathbf{E}$.

(2) $\sigma = i\omega(\varepsilon - \varepsilon_0)$，よって，$\varepsilon = \varepsilon_0 + \frac{\sigma}{i\omega}$.

(3) $\mathbf{E} = \mathbf{E}_0 e^{i\omega t}$ および $\mathbf{j} = \sigma\mathbf{E}_0 e^{i\omega t}$ であり，すなわち実数表示では

$$\mathbf{E} = \mathbf{E}_0 \cos\omega t, \quad \mathbf{j} = \mathbf{E}_0(\sigma' \cos\omega t + \sigma'' \sin\omega t)$$

なので，単位体積あたり消費電力 P は

$$P = \mathbf{E} \cdot \mathbf{j} = |\mathbf{E}_0|^2 (\sigma' \cos^2\omega t + \sigma'' \cos\omega t \sin\omega t)$$

でその時間平均 $\langle P \rangle$ は，

$$\langle P \rangle = \frac{1}{2}\sigma'|\mathbf{E}_0|^2$$

となる．

(4) (2) から $\varepsilon = \varepsilon_0 + \frac{\sigma}{i\omega}$ なので，$\varepsilon' = \varepsilon_0 - \frac{\sigma''}{\omega}$，$\varepsilon'' = \frac{\sigma'}{\omega}$ となる．したがって，

$$\langle P \rangle = \frac{1}{2}\omega\varepsilon''|\mathbf{E}_0|^2$$

となる．このように誘電率 ε の虚部 ε'' はジュール熱による損失を表している（なおこの結果は第 6 章の最初に述べたことと一致している．誘電率と分極率との関係は（局所場と電場を同一視すれば）$\varepsilon - \varepsilon_0 = N\alpha$ となるので虚部は $\varepsilon'' = N\alpha''$ となり，これを上の結果に代入すると式 (6.2) になる）．

16-1

(1) 式 (7.12) で，$A_\delta(t) = (\alpha_0/\tau)e^{-t/\tau}$ $(t > 0)$，$A_\delta(t) = 0$ $(t < 0)$．また外場 F を $E(t) = E_0\theta(t)$ とすると，求める分極（式 (7.12) の値）は

$$P(t) = \int_{-\infty}^{t} dt' E_0 \theta(t')(\alpha_0/\tau)e^{-(t-t')/\tau},$$

これは $t>0$ のとき $P(t) = \alpha_0 E_0 (1 - e^{-t/\tau})$ であり，$t<0$ のときゼロ．
(2) 求める分極は

$$P(t) = \frac{1}{2\pi} \int_{-\infty}^{\infty} \alpha(\omega) e^{i\omega t} \frac{E_0}{i(\omega - i\delta)} d\omega$$
$$= \frac{E_0}{2\pi i} \int_{-\infty}^{\infty} \frac{\alpha_0}{(1 + i\omega\tau)(\omega - i\delta)} e^{i\omega t} d\omega.$$

この積分を留数積分の手法で計算する．複素平面の原点に中心を持ち実軸上に直径を持つ半円の周上で積分する．例題 16 と同様に，$t \geq 0$ では上半平面上の半円，$t<0$ では下半平面の半円を取る．$t \geq 0$ では

$$P(t) = \alpha_0 E_0 \left(\frac{e^{-\delta t}}{1 - \tau\delta} - \frac{e^{-t/\tau}}{1 - \tau\delta} \right) = \alpha_0 E_0 \left(1 - e^{-t/\tau} \right)$$

となる．計算の途中で $\delta \to +0$ とした．なお $t<0$ では積分路が特異点を囲まないため $P(t) = 0$．

17-1

第7章で扱ったように，因果律を満たすためには，応答係数 $K(\omega)$（この場合は $\alpha(\omega) \equiv \alpha' - i\alpha''$）が ω の複素平面上，下半平面 ($\mathrm{Im}\,\omega < 0$) で解析的であればよい．今の場合，

$$\alpha \equiv \alpha' - i\alpha'' = \frac{1}{\omega_0^2 - \omega^2 + i\gamma\omega} \cdot \frac{e^2}{m}$$

の極は $\omega = \frac{i\gamma}{2} \pm \sqrt{\omega_0^2 - \gamma^2/4}$ となる．$0 < \gamma$ よりこれらはともに上半平面にあるため，下半平面では $\alpha(\omega)$ は解析的であり，確かに因果律を満たす．

なおクラマース・クローニッヒの関係 (7.19), (7.20) を示すのはかなり面倒であり，ここでは省略する．なお

$$\frac{\omega_0^2 - \omega^2}{(\omega_0^2 - \omega^2)^2 + \gamma^2 \omega'^2} = \frac{1}{2} \left(\frac{1}{\omega_0^2 - \omega^2 + i\gamma\omega} + \frac{1}{\omega_0^2 - \omega^2 - i\gamma\omega} \right)$$

を利用すると少し計算が楽になる．

18-1

磁性体内での磁束密度の強さは $B = \mu_0(1+\chi_m)H$ なので，図 B.2 より境界面で磁場の接線成分および磁束密度の法線成分の連続の式から

$$H_e \sin\theta = H \sin\phi, \tag{B.28}$$

$$\mu_0 H_e \cos\theta = \mu_0(1+\chi_m) H \cos\phi. \tag{B.29}$$

式 (B.29) の両辺を $\mu_0(1+\chi_m)$ で割ったものと，式 (B.28) とを 2 乗して加えると

$$H_e^2 \sin^2\theta + \left(\frac{H_e}{1+\chi_m}\right)^2 \cos^2\theta = H^2 \tag{B.30}$$

したがって，平板内の磁場の強さは

$$H = \sqrt{\sin^2\theta + \frac{\cos^2\theta}{(1+\chi_m)^2}} H_e. \tag{B.31}$$

また，式 (B.28) を式 (B.29) で割ると

$$\tan\phi = (1+\chi_m)\tan\theta. \tag{B.32}$$

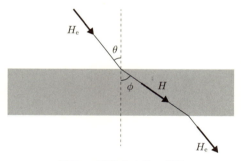

図 B.2: 磁性体内外の磁場

18-2

磁化の強さ M のときの磁性体中の磁場 H を最初に求める．磁束密度は $B = \mu_0\mu_s H = \mu_0(H+M)$ と 2 通りに表されるので，$H = M/(\mu_s-1)$，$B = \mu_0\mu_s M/(\mu_s-1)$ のように書け，これを用いる．

(1) 平板に平行に磁化するときは，平板の内外での磁場は等しいため，

$$H_e = \frac{M}{\mu_s - 1}. \tag{B.33}$$

(2) 平板に垂直に磁化するときは，平板の内外での磁束密度は等しいため，磁

性外部の磁束密度は
$$\mu_0 H_e = \frac{\mu_0 \mu_s M}{\mu_s - 1} \to H_e = \frac{\mu_s M}{\mu_s - 1}. \tag{B.34}$$
なお $\mu_s > 1$ であるような常磁性体では，(2) で必要な外部磁場のほうが大きいが，これは (2) の場合にのみ反磁場の効果により，外部磁場の効果を一部打ち消してしまうためである．

18-3
(1) 隙間と常磁性体の境界面では磁束密度の法線方向成分は連続なので，隙間内でも磁束密度の強さは $\mathbf{B}$．したがって磁場は $\frac{1}{\mu_0}\mathbf{B}$．
(2) 常磁性体内の磁束密度は $\mathbf{B}$，磁場は $\mathbf{H} = \frac{1}{\mu}\mathbf{B}$ なので，その中の磁化は $\mathbf{B} = \mu_0(\mathbf{H} + \mathbf{M})$ を満たし，$\mathbf{M} = \frac{1}{\mu_0}\mathbf{B} - \mathbf{H} = \frac{\mu - \mu_0}{\mu_0 \mu}\mathbf{B}$．
(3) 分極磁化の面密度は $\mu_0 \mathbf{M}$ の法線方向成分なので，$\mu_0 M_\perp = \frac{\mu - \mu_0}{\mu} B$．

19-1
例題 19 の式 (9.3) で，外部磁場 $\mathbf{H}_0 = 0$ なので $\mathbf{H} = -L\mathbf{M} = (0, 0, -M/3)$．したがって，$\mathbf{B} = \mu_0(\mathbf{H} + \mathbf{M}) = (0, 0, 2\mu_0 M/3)$．なお図 9.3 の例でもわかるように，一般に強磁性体内では磁場と磁束密度が反対向きになることが多く，磁場と磁束密度を区別して考えることが重要である．

20-1
(1) 外部磁場と平板とは平行なので，平板に沿った方向の磁場成分が平板の内外で連続であることを考えると，磁化を M_0 にするために必要な内部の磁場の強さは H_0 なので，その平板に沿った方向の成分が外部磁場 H_ext と等しければよく $H_\text{ext} = H_0$．
(2) 今度は平板に垂直方向の成分に着目しなければならないので，磁束密度の垂直成分を考える．磁化 M_0 とするために必要な磁性体の内部磁場の強さは H_0 で，このときの磁束密度は $\mu_0(H_0 + M_0)$．これが外部での磁束密度 $\mu_0 H'_\text{ext}$ と等しいので，$H'_\text{ext} = H_0 + M_0$．
(3) $H'_\text{ext} > H_\text{ext}$ となっている．これは，図 9.5(c) のように磁場が平板と垂直な場合には反磁場効果が平板に現れる，つまり分極磁荷が平板の両表面に現れ，それが外部磁場とは逆向きの磁場を作り出すことで平板内部の磁場を弱めている．一方では，図 9.5(b) のように，平板が磁場に沿った方向の場合には反磁場効果が現れない，という違いがある．

21-1

自発磁化を求めたいので $H=0$ とおくと，式 (10.28) は $M = \frac{N\mu}{\mu_0} L\left(\frac{\mu\lambda M}{k_B T}\right)$ となる．温度が T_c より少し低温側のときには磁化 M も小さいと期待されるので，$L(x)$ の引数 x が小さいときの近似式を利用して，

$$M = \frac{N\mu}{\mu_0}\left(\frac{1}{3}\frac{\mu\lambda M}{k_B T} - \frac{1}{45}\left(\frac{\mu\lambda M}{k_B T}\right)^3\right) = \frac{T_c}{T}M - \frac{1}{45}\frac{N\mu}{\mu_0}\left(\frac{\mu\lambda M}{k_B T}\right)^3$$

となる．これを変形すると

$$\frac{T_c - T}{T} = \frac{1}{45}\frac{N\mu}{\mu_0}\left(\frac{\mu\lambda}{k_B T}\right)^3 M^2$$
$$\Rightarrow M \propto \sqrt{T_c - T} \cdot T \sim \sqrt{T_c - T} \cdot T_c \propto \sqrt{T_c - T}$$

より $\beta = \frac{1}{2}$．

22-1

自発磁化を求めたいので，式 (10.32) で $H=0$ とおいて，$M = \frac{N\mu}{\mu_0}\tanh(\beta\mu\lambda M)$ である．これを満たす M を求めたい．この両辺のグラフをかいてその交点から M を求めればよい．すると低温極限 $(T \to 0)$ では $\beta \to \infty$ より，$\tanh(\beta\mu\lambda M) \sim \pm 1$ となり，$M = \pm\frac{N\mu}{\mu_0}$．

22-2

$T > T_c$ では系は常磁性で，磁場 $H = 0$ のとき磁化 $M = 0$．ここに微小な磁場 H を加えると磁化 M も微小に現れる．したがって H も M も小さいとして，近似式 $\tanh x \sim x$（$|x|$ は小さいとする）を式 (10.32) に用いると

$$M = \frac{N\mu}{\mu_0}\beta\mu(H + \lambda M) \Rightarrow \chi = \frac{N\mu^2}{k_B T\mu_0 - N\mu^2\lambda} = \frac{N\mu^2}{k_B\mu_0}\frac{1}{T - T_c}.$$

したがって $\gamma = 1$．

23-1

$M_z = \chi_0 H_0 + \delta M_z(t)$ として与式に代入すると

$$\frac{d\delta M_z}{dt} = -\frac{\delta M_z - \chi_0 H_1 e^{i\omega t}}{T_1}. \tag{1}$$

$\delta M_z \propto e^{i\omega t}$ とすると $i\omega \delta M_z = -\frac{\delta M_z - \chi_0 H_1 e^{i\omega t}}{T_1}$ となるので，

$$\delta M_z = \frac{\chi_0}{i\omega T_1 + 1} H_1 e^{i\omega t}. \tag{2}$$

したがって, $\chi(\omega) = \frac{\chi_0}{i\omega T_1+1}$. ここでは例題 23 とは異なり z 軸方向に交流磁場を加えている. z 軸方向の磁化の運動については, (xy 面内の運動と異なり), 固有振動数が存在しないため, ここで求めた動的感受率は単純なデバイ型緩和となっている. このように振動磁場が xy 面内と z 軸方向とで, 応答の仕方は大きく異なっている.

24-1

このとき超伝導体内では磁束密度ゼロであり, 一方空洞内では磁束密度 $(0,0,B)$ である. 例題 24 と同様の考え方により, この場合は空洞を囲む超伝導体内側表面に, 周回方向に電流が流れることで, 超伝導体内部の磁束を安定化している. その電流は, 円筒の高さ方向の単位長さあたり B/μ_0 であり, xy 面内でみると正の向きに流れている (なおこの電流は, 電源なしに平衡状態で流れている永久電流であり, これによって空洞内の磁束が作られている). また, 超伝導体外側表面には電流は流れていない.

25-1

(1) 超伝導体の球内の磁場は H であるが, これは外部磁場 H_0 と反磁場 H' の和である. 一方で球内の磁束密度は $B = \mu_0(H+M)$ と表され, これはゼロである. すなわち

$$H = H_0 + H', \quad \mu_0(H+M) = 0, \quad H' = -\frac{1}{3}M. \tag{B.35}$$

これらを解くと,

$$M = -\frac{3H_0}{2}, \ H = \frac{3H_0}{2}, \ H' = \frac{H_0}{2}. \tag{B.36}$$

(2) 球の体積は $\frac{4}{3}\pi a^3$ なので, 球全体の磁気双極子モーメントの z 成分 m_z は

$$m_z = \mu_0 M \cdot \frac{4}{3}\pi a^3 = -2\pi a^3 \mu_0 H_0. \tag{B.37}$$

この磁気双極子モーメントが原点にあるとして, これが作る磁場は, 球の外では, 実際にできる磁場と同じである. つまり $r = \sqrt{x^2+y^2+z^2}$ として

$$\mathbf{B}'(\mathbf{r}) = \frac{-2\pi a^3 \mu_0 H_0}{4\pi r^5}(3xz, 3yz, 3z^2 - r^2) = \frac{-a^3 \mu_0 H_0}{2r^5}(3xz, 3yz, 3z^2 - r^2). \tag{B.38}$$

(3) 球面外での磁束密度は，誘導磁束密度 $\mathbf{B}'$ に，一様外部磁場による磁束密度 $(0, 0, B_0)$ を足して，

$$\mathbf{B}(\mathbf{r}) = \frac{-a^3 \mu_0 H_0}{2r^5}(3xz, 3yz, 3z^2 - r^2) + (0, 0, \mu_0 H_0). \tag{B.39}$$

特に球上の点 (x, y, z) $(r^2 = x^2 + y^2 + z^2 = a^2)$ では，

$$\mathbf{B}(\mathbf{r}) = \frac{-3\mu_0 H_0}{2}\frac{1}{a^2}(xz, yz, z^2 - a^2). \tag{B.40}$$

なお，球面上 $x^2 + y^2 + z^2 = a^2$ では法線ベクトル $\mathbf{n} = (\frac{x}{a}, \frac{y}{a}, \frac{z}{a})$ と表されるので，$\mathbf{B}(\mathbf{r}) \cdot \mathbf{n} = 0$ となり，磁束密度は表面に沿った方向であるので，磁束密度に関する境界条件（法線成分が連続）を確かに満たしている．すると電流密度は例題 25 と同様に

$$\mathbf{j} = \mathbf{n} \times \frac{1}{\mu_0}\mathbf{B} = \frac{3H_0}{2a}(y, -x, 0). \tag{B.41}$$

なお球座標表示では，電流密度の大きさは $\frac{3H_0}{2a}\sin\theta$ となる．

26-1

垂直入射であるから，$\theta_1 = \theta_2 = 0$ である．真空の屈折率は $n_1 = 1$ である．(i) ダイヤモンドの屈折率は $n_2 = 2.42$ なので反射率は $R = \left(\frac{n_1 - n_2}{n_1 + n_2}\right)^2 = 1.72 \times 10^{-1}$，透過率は $T = \frac{4n_1 n_2}{(n_1 + n_2)^2} = 8.28 \times 10^{-1}$ である．(ii) 水の屈折率は $n_2 = 1.33$ なので反射率は $R = \left(\frac{n_1 - n_2}{n_1 + n_2}\right)^2 = 2.0 \times 10^{-2}$，透過率は $T = \frac{4n_1 n_2}{(n_1 + n_2)^2} = 9.80 \times 10^{-1}$ である．

27-1

スネルの法則より，$n_1/n_2 = \sin\theta_\mathrm{T}/\sin\theta_\mathrm{I}$ であるので，例題 27 の結果に代入すると，TE 偏光の場合，

$$\frac{\mathcal{E}_\mathrm{R}}{\mathcal{E}_\mathrm{I}} = \frac{\sin\theta_\mathrm{T}\cos\theta_\mathrm{I} - \sin\theta_\mathrm{I}\cos\theta_\mathrm{T}}{\sin\theta_\mathrm{T}\cos\theta_\mathrm{I} + \sin\theta_\mathrm{I}\cos\theta_\mathrm{T}} = -\frac{\sin(\theta_\mathrm{I} - \theta_\mathrm{T})}{\sin(\theta_\mathrm{I} + \theta_\mathrm{T})},$$

$$\frac{\mathcal{E}_\mathrm{T}}{\mathcal{E}_\mathrm{I}} = \frac{2\sin\theta_\mathrm{T}\cos\theta_\mathrm{I}}{\sin\theta_\mathrm{T}\cos\theta_\mathrm{I} + \sin\theta_\mathrm{I}\cos\theta_\mathrm{T}} = \frac{2\sin\theta_\mathrm{T}\cos\theta_\mathrm{I}}{\sin(\theta_\mathrm{I} + \theta_\mathrm{T})},$$

TM 偏光の場合

$$\frac{\mathcal{E}_{\mathrm{R}}}{\mathcal{E}_{\mathrm{I}}} = \frac{\sin\theta_{\mathrm{T}}\cos\theta_{\mathrm{T}} - \sin\theta_{\mathrm{I}}\cos\theta_{\mathrm{I}}}{\sin\theta_{\mathrm{T}}\cos\theta_{\mathrm{T}} + \sin\theta_{\mathrm{I}}\cos\theta_{\mathrm{I}}} = \frac{\sin 2\theta_{\mathrm{T}} - \sin 2\theta_{\mathrm{I}}}{\sin 2\theta_{\mathrm{T}} + \sin 2\theta_{\mathrm{I}}}$$
$$= \frac{\sin(\theta_{\mathrm{T}} - \theta_{\mathrm{I}})\cos(\theta_{\mathrm{T}} + \theta_{\mathrm{I}})}{\cos(\theta_{\mathrm{T}} - \theta_{\mathrm{I}})\sin(\theta_{\mathrm{T}} + \theta_{\mathrm{I}})} = \frac{\tan(\theta_{\mathrm{T}} - \theta_{\mathrm{I}})}{\tan(\theta_{\mathrm{T}} + \theta_{\mathrm{I}})},$$
$$\frac{\mathcal{E}_{\mathrm{T}}}{\mathcal{E}_{\mathrm{I}}} = \frac{2\sin\theta_{\mathrm{T}}\cos\theta_{\mathrm{I}}}{\sin\theta_{\mathrm{T}}\cos\theta_{\mathrm{T}} + \sin\theta_{\mathrm{I}}\cos\theta_{\mathrm{I}}},$$
$$= \frac{4\sin\theta_{\mathrm{T}}\cos\theta_{\mathrm{I}}}{\sin 2\theta_{\mathrm{T}} + \sin 2\theta_{\mathrm{I}}} = \frac{2\sin\theta_{\mathrm{T}}\cos\theta_{\mathrm{I}}}{\cos(\theta_{\mathrm{T}} - \theta_{\mathrm{I}})\sin(\theta_{\mathrm{T}} + \theta_{\mathrm{I}})}.$$

28-1

これはちょうど $\eta \to 0$ の極限である．このときは $R = 1$, $T = 0$ となることはすぐにチェックでき，完全反射であることがわかる．電場については

$$E_{\mathrm{R}} = -E_{\mathrm{I}}, \quad E_{\mathrm{T}} = 0$$

であり，これも例題 7 の完全導体極限を再現している．

29-1

式 (13.36) で $n_{\mathrm{o}} = 4/3$, $n_z = n_{\mathrm{e}} = 1$, $\mathbf{k} = k(1/\sqrt{2}, 0, 1/\sqrt{2})$ とすると

$$\begin{pmatrix} \frac{16\omega^2}{9c^2} - \frac{1}{2}k^2 & 0 & \frac{1}{2}k^2 \\ 0 & \frac{16\omega^2}{9c^2} - k^2 & 0 \\ \frac{1}{2}k^2 & 0 & \frac{\omega^2}{c^2} - \frac{1}{2}k^2 \end{pmatrix} \begin{pmatrix} E_x \\ E_y \\ E_z \end{pmatrix} = \begin{pmatrix} 0 \\ 0 \\ 0 \end{pmatrix}$$

となる．これより，(a) $k^2 = \frac{16\omega^2}{9c^2}$, $\mathbf{E} \| (0,1,0)$ もしくは，(b) $k^2 = \frac{32\omega^2}{25c^2}$, $\mathbf{E} \| (9, 0, -16)$ の形の 2 つの解が得られる．この (a), (b) は例題 29 解答の (a), (b) に対応しており，(a) が正常波，(b) が異常波である．電磁波の速さ $v \equiv \omega/k$ は，(a) では $v = \frac{3}{4}c$, (b) では $v = \frac{5\sqrt{2}}{8}c$, となり，屈折率はそれぞれ (a) $\frac{4}{3}$, (b) $\frac{4\sqrt{2}}{5}$ となる．

マクスウェル方程式 $\nabla \times \mathbf{E} = -\frac{\partial \mathbf{B}}{\partial t}$ から $\mathbf{k} \times \mathbf{E} = \omega\mu_0 \mathbf{H}$ なので，(a) では $\mathbf{H} \| (-1, 0, 1)$, (b) では $\mathbf{H} \| (0, 1, 0)$ となる．ポインティングベクトル $\mathbf{S} = \mathbf{E} \times \mathbf{H}$ の向きは，(a) では $\mathbf{S} \| (1, 0, 1)$ で波数ベクトル $\mathbf{k}(\| (1,0,1))$ と平行，(b) では $\mathbf{S} \| (16, 0, 9)$ で，波数ベクトル $\mathbf{k}$ とは平行でない．

30-1

(1) それぞれが得る位相は $\theta_{\mathrm{L}} = l\omega\sqrt{\mu(\varepsilon + g)}$, $\theta_{\mathrm{R}} = l\omega\sqrt{\mu(\varepsilon - g)}$ となる．したがって，θ_{R} と θ_{L} の平均を Θ, 差を $\Delta\theta$ とおくと，$\theta_{\mathrm{L}} = \Theta + \Delta\theta/2$,

$\theta_\mathrm{R} = \Theta - \Delta\theta/2$ と表せて，$z = l$ では

$$\begin{aligned}
\mathbf{E} &= (E_0/2)(1,-i,0)e^{-i\theta_\mathrm{L}}e^{i\omega t} + (E_0/2)(1,i,0)e^{-i\theta_\mathrm{R}}e^{i\omega t} \\
&= e^{-i\Theta}(E_0/2)e^{i\omega t}\left[(1,-i,0)e^{-i\Delta\theta/2} + (1,i,0)e^{i\Delta\theta/2}\right] \\
&= e^{-i\Theta}E_0 e^{i\omega t}\left(\cos\frac{\Delta\theta}{2}, -\sin\frac{\Delta\theta}{2}, 0\right)
\end{aligned}$$

となり，偏光面は $(\cos\frac{\Delta\theta}{2}, -\sin\frac{\Delta\theta}{2}, 0)$ であり角度 $\Delta\theta/2$ だけ回転したことになる．$g > 0$ とすればこれは，伝播距離 l に比例して xy 面内で右回り（負の向き）に偏光面が回転していることになる．

(2) 波数ベクトルを $+z$ から $-z$ に偏光してもよいが，そうすると電場ないし磁場のベクトルの向きも変えなければならず間違いやすい．簡単には $\mathbf{g} = (0,0,g)$ が磁化の向きを表しているので，この符号を反転すればよい．g を $-g$ とすると例題 30 より，$\Delta\theta$ の符号が変わるので，$+z$ 向きに伝播する電磁波については，伝播距離 l に比例して xy 面内で左回り（正の向き）に偏光面が回転する（なお (1) 同様 $g > 0$ とした）．問題文の元の設定（伝播が $-z$ 向き，$\mathbf{g}$ が $+z$ 向き）に戻れば，xy 面内で右回り（負の向き）に偏光面が回転することになり，(1) の回転の向きと一致する．これが，例題 30 の解答で述べた，鏡を用いて同じ経路を往復した場合に，偏光面の回転角が足されて倍になる，ということの説明となっている．

索引

【あ】
アンペールの法則 1
イオン分極 64, 70
異常波 150, 151
一軸性結晶 139
移動度 10
異方性媒質 139
s 偏光 140
円偏光 7
オームの法則 9

【か】
ガウスの法則 1
完全反磁性体 94
軌道電子の反磁性 112
キャリア 9
キュリー・ワイスの法則 118
キュリー温度 101
キュリー定数 115
キュリーの法則 115
強磁性体 93, 101
鏡像法 12, 23
強誘電体 42
屈折率 8, 137, 138
クラウジウス-モソッティの関係式 60
クラマース-クローニッヒ関係式 .. 84
光学活性 155

光学軸 139
コール-コールプロット 90

【さ】
残留磁化 101
磁化 93
磁化電流 111
磁化率 94
磁気回転比 114
磁気感受率 93
磁気共鳴 123
磁気分極 93
磁区 102
磁石 101
磁性体 93
磁束密度 95
磁束量子 127
磁束量子化 127
磁場侵入長 128
自発磁化 101
自発分極 42
磁壁 102
主軸 139
準定常電流 28
常磁性体 94
常誘電体 41
真空中の電磁波 5

スネルの法則 141
スピン格子緩和時間 123
スピン・スピン緩和時間 123
正孔 9
正常波 150, 151
静電遮蔽 12
静電誘導 11
ゼーベック係数 14
ゼーベック効果 14
絶縁体 9, 38
旋光性 155
全反射 144

【た】
楕円偏光 7
縦緩和時間 123
超伝導 10, 127
超伝導体 10, 94
直線偏光 7
TE 偏光 140
TM 偏光 140
抵抗率 9
抵抗率テンソル 14
定常状態 10
鉄損 103
デバイ型緩和 88
転移温度 127
電気感受率 41
電気伝導率 9
電気伝導率テンソル 14
電子分極 64, 66, 68

電磁誘導 1
電信方程式 30
電束電流 27
伝導電子の常磁性磁化率 115
伝導電流 27
透過率 140
透磁率 4, 95
導体 9
トムソン効果 15
トムソン係数 15

【な】
入射平面 138
熱起電力 14
熱電気現象 15

【は】
配向分極 64, 71
パウリ常磁性 115
反磁性体 94
反磁場係数 98, 104
反射率 140
p 偏光 140
ヒステリシス 101
ヒステリシス損 103
比透磁率 95
表皮厚さ 29, 32
表皮効果 28-30, 32
ファラデー効果 154
複屈折 151
ブリュースター角 144

フレネルの式 145
ブロッホ方程式 123
分極磁荷 94
分極率 64
ペルティエ係数 14
ペルティエ効果 14
変位電流 27
偏光 7
偏光ベクトル 6
ポアソン方程式 12
ポインティングベクトル 3
飽和磁化 101
ホール角 21
ホール係数 20
ホール効果 13
ホール抵抗率 21
ホール伝導率 21
保磁力 101

【ま】

マイスナー効果 127

マクスウェルの応力 3
マクスウェル方程式 1

【や】

誘電体 9, 38
誘電率 4, 42
誘電率テンソル 139
横緩和時間 123

【ら】

ラーモア周波数 113, 122
ランジュバン関数 71, 73, 117
履歴現象 101
臨界温度 127
臨界磁場 128
連続方程式 1
ローレンツの局所場 59
ローレンツ-ローレンツの式 60
ロンドン方程式 128

MEMO

著者紹介

村上修一（むらかみ　しゅういち）

- 1996年　東京大学大学院理学系研究科
  物理学専攻博士課程中退
- 1996年　東京大学大学院工学系研究科
  物理工学専攻　助手（〜2007年）
- 1999年　博士（理学）（東京大学）
- 2000年　スタンフォード大学　客員研究員（兼任）
  （〜2001年）
- 2007年　東京工業大学大学院理工学研究科
  物性物理学専攻　准教授
- 2007年　日本学術振興機構さきがけ研究員（兼任）
  （〜2011年）
- 2012年　東京工業大学大学院理工学研究科
  物性物理学専攻　教授
  東京工業大学元素戦略研究センター　教授（兼任）
- 2016年　東京工業大学理学院物理学系　教授
  （改組による）

専　門　物性理論
著　書　「スピン流とトポロジカル絶縁体―量子物性とスピントロ
　　　ニクスの発展―（基本法則から読み解く 物理学最前線1）」
　　　（2014年，共立出版）．
趣味等　旅行

フロー式 物理演習シリーズ 13
物質中の電場と磁場
―物性をより深く理解するために―

Electric and Magnetic
Fields in Materials

Towards better Understanding
of Condenced Matter Physics

2016年12月10日　初版1刷発行

著　者　村上修一 © 2016
監　修　須藤彰三
　　　　岡　真
発行者　南條光章
発行所　共立出版株式会社
　　　　東京都文京区小日向 4-6-19
　　　　電話　03-3947-2511（代表）
　　　　郵便番号　112-0006
　　　　振替口座　00110-2-57035
　　　　URL http://www.kyoritsu-pub.co.jp/

印　刷　大日本法令印刷
製　本　協栄製本

検印廃止
NDC 427
ISBN 978-4-320-03512-6

一般社団法人
自然科学書協会
会員

Printed in Japan

JCOPY ＜出版者著作権管理機構委託出版物＞

本書の無断複製は著作権法上での例外を除き禁じられています．複製される場合は，そのつど事前に，出版者著作権管理機構（TEL：03-3513-6969，FAX：03-3513-6979，e-mail：info@jcopy.or.jp）の許諾を得てください．

基本法則から読み解く 物理学最前線

須藤彰三・岡 真 [監修]

本シリーズは大学初年度で学ぶ程度の物理の知識をもとに，基本法則から始めて，物理概念の発展を追いながら最新の研究成果を読み解きます．それぞれのテーマは研究成果が生まれる現場に立ち会って，新しい概念を創りだした最前線の研究者が丁寧に解説します．

【各巻：A5判・並製・税別本体価格】

❶ **スピン流とトポロジカル絶縁体** 量子物性とスピントロニクスの発展
齊藤英治・村上修一著　スピン流／スピン流の物性現象／スピンホール効果と逆スピンホール効果／ゲージ場とベリー曲率／他・・・・・・・・・・・・・172頁・本体2,000円

❷ **マルチフェロイクス** 物質中の電磁気学の新展開
有馬孝尚著　マルチフェロイクスの面白さ／マクスウェル方程式と電気磁気効果／物質中の磁気双極子／電気磁気効果の熱・統計力学／他・・・・・・・・160頁・本体2,000円

❸ **クォーク・グルーオン・プラズマの物理** 実験室で再現する宇宙の始まり
秋葉康之著　宇宙初期の超高温物質を作る／クォークとグルーオン／相対論的運動学と散乱断面積／クォークとグルーオン間の力学／他・・・・・・・196頁・本体2,000円

❹ **大規模構造の宇宙論** 宇宙に生まれた絶妙な多様性
松原隆彦著　はじめに／一様等方宇宙／密度ゆらぎの進化／密度ゆらぎの統計と観測量／大規模構造と非線形摂動論／統合摂動論の応用／他・・・・・194頁・本体2,000円

❺ **フラーレン・ナノチューブ・グラフェンの科学** ナノカーボンの世界
齋藤理一郎著　ナノカーボンの世界／ナノカーボンの発見／ナノカーボンの形／ナノカーボンの合成／ナノカーボンの応用／他・・・・・・・・・・・180頁・本体2,000円

❻ **惑星形成の物理** 太陽系と系外惑星系の形成論入門
井田 茂・中本泰史著　系外惑星と「惑星分布生成モデル」／惑星系の物理の特徴／惑星形成プロセス／惑星分布生成モデル／他・・・・・・・・・・・142頁・本体2,000円

❼ **LHCの物理** ヒッグス粒子発見とその後の展開
浅井祥仁著　物質の根源と宇宙誕生の謎／素粒子の基礎原理／ヒッグス粒子とは／LHC加速器と陽子の構造／検出器／ヒッグス粒子をとらえる／他・・・・136頁・本体2,000円

❽ **不安定核の物理** 中性子ハロー・魔法数異常から中性子星まで
中村隆司著　はじめに：原子核，不安定核，そして宇宙／原子核の限界／不安定核を作る／中性子ハロー／不安定核の殻進化／他・・・・・・・・・・・194頁・本体2,000円

❾ **ニュートリノ物理** ニュートリノで探る素粒子と宇宙
中家 剛著　素粒子物理とニュートリノ／ニュートリノ質量／自然ニュートリノ観測／人工ニュートリノ実験／ニュートリノ測定器／他・・・・・・・・98頁・本体2,000円

❿ **ミュオンスピン回転法** 謎の粒子ミュオンが拓く物質科学
門野良典著　素粒子としてのミュオン／ミュオンビームの発生と輸送／物質中に停止直後のミュオンの状態／ミュオンスピン回転／他・・・・・・・186頁・本体2,000円

⓫ **光誘起構造相転移** 光が拓く新たな物質科学
腰原伸也・TADEUSZ M.LUTY著　物質の中の自由度とその光制御／光誘起構造相転移研究登場に至る道／なぜ今，光誘起構造相転移なのか？／他・・・120頁・本体2,000円

⓬ **多電子系の超高速光誘起相転移** 光で見る・操る・強相関電子系の世界
岩井伸一郎著　極短パルスレーザーで覗く超高速の世界／臨界現象と不均一性／強相関電子系と金属／光励起状態／他・・・・・・・・・・・・・・・148頁・本体2,000円

（価格は変更される場合がございます）　**共立出版**　http://www.kyoritsu-pub.co.jp/

誘電体
- 表面の単位面積あたり分極電荷：$\mathbf{n}\cdot\mathbf{P}$（$\mathbf{n}$：表面の単位法線ベクトル）
- 誘電体中の単位体積あたり分極電荷密度：$\rho_P = -\nabla\cdot\mathbf{P}$
- 分極 $\mathbf{P}$ の時間変化による電流密度：$\mathbf{j}_P = \dfrac{\partial \mathbf{P}}{\partial t}$.
- 電束密度 $\mathbf{D} \equiv \varepsilon_0 \mathbf{E} + \mathbf{P}$
- 異なる誘電体同士の界面での場の接続条件：$D_{1n} = D_{2n}$, $\mathbf{E}_{1t} = \mathbf{E}_{2t}$

常誘電体
- $\mathbf{P} = \chi_e \varepsilon_0 \mathbf{E}$（$\chi_e$：電気感受率）
- $\mathbf{D} = \varepsilon \mathbf{E}$, $\varepsilon = (1+\chi_e)\varepsilon_0$（$\varepsilon$：誘電率，$\kappa \equiv \varepsilon/\varepsilon_0$：比誘電率）
- 電場のエネルギー密度：$u = \dfrac{1}{2}\varepsilon \mathbf{E}\cdot\mathbf{E}$

分極率と局所場
- $\mathbf{P} = N\alpha \mathbf{E}_{\text{local}}$（$\alpha$：分極率，$\mathbf{E}_{\text{local}}$：局所場）
- クラウジウス–モソッティの関係式：$\dfrac{\varepsilon - \varepsilon_0}{\varepsilon + 2\varepsilon_0} = \dfrac{N\alpha}{3\varepsilon_0}$
- ローレンツ–ローレンツの式：$\dfrac{n^2-1}{n^2+2} = \dfrac{N\alpha}{3\varepsilon_0}$

外場への応答
- 交流応答：外場 $F(t)$，応答 $A(t)$ として，

$$F(t) = \frac{1}{2\pi}\int_{-\infty}^{\infty} F(\omega)e^{i\omega t}d\omega, \quad A(t) = \frac{1}{2\pi}\int_{-\infty}^{\infty} A(\omega)e^{i\omega t}d\omega,$$

$$A(\omega) = K(\omega)F(\omega), \quad K(\omega)：応答係数$$

- クラマース・クローニッヒ関係式：
$K(\omega) = K'(\omega) - iK''(\omega)$ (K', K''：実)

$$\begin{cases} K''(\omega) = -\dfrac{1}{\pi}P\int_{-\infty}^{\infty}\dfrac{K'(\omega')-K_\infty}{\omega'-\omega}d\omega', \\ K'(\omega) = \dfrac{1}{\pi}P\int_{-\infty}^{\infty}\dfrac{K''(\omega')}{\omega'-\omega}d\omega' \end{cases}$$

$$\begin{cases} K''(\omega) = -\dfrac{2}{\pi}P\int_{0}^{\infty}\dfrac{\omega(K'(\omega')-K_\infty)}{\omega'^2-\omega^2}d\omega', \\ K'(\omega) = \dfrac{2}{\pi}P\int_{0}^{\infty}\dfrac{\omega' K''(\omega')}{\omega'^2-\omega^2}d\omega' \end{cases}$$